五南出版

電腦繪圖與
專利研發

魏廣炯 著

五南圖書出版公司 印行

　　編者小時候有一位鄰居，算是台灣機械製造業界的前輩，也是早期台灣中小企業界成功典型的代表人物。他開設的機械工廠，主要在生產、維修紡織機。早期的台灣業界人士都是所謂的黑手，主要來自低收入家庭。因為家境無法升學，加上社會的觀感風氣，所以學歷普遍不高；但因為台灣人勤奮努力，且是由基層童工做起，工作經驗非常豐富。

　　台灣早期還沒有製造機器能力，他剛開始是幫較大的企業維修機器，熟能生巧，漸漸地他對機器零件就相當精通。由於機器是隨時代逐漸改良進步；慢慢地就有人請他幫忙改裝，甚至仿造機器。於是他的事業就越見壯大。除了正常的維修以外，改良、仿造都已難不倒他，而他所仿冒的，大都是來自歐美、日本等先進國家的機器。現在看起來，仿造當然是不當違法的行為，不過這就是台灣當年的發展模式。說實在的，應該也是世界上任何落後國家在躍升為先進國家會經歷的普遍過程模式。

　　漸漸地，先進國家也不是傻瓜，他們知道台灣已經有能力大量仿造機器後，當然就促使台灣政府加強對專利侵權的取締。我的鄰居也不是省油燈，製造機器是他的命脈，雖然受限於學歷知識，沒辦法從事重大的設計創新工作；但多年來的工作經驗，他總有辦法將機器改造到不會侵權的地步，以維繫他的工廠運作。唯一有一個國家進口的機器，讓他束手無策，無

法達成改造任務，這個國家就是德國。他發現無論再怎樣改造機器，改造後的機器總是會落在德國專利權範圍之內。如果勉強跳脫於專利權範圍之外，就會失去改造的功能與目的，如此一來，又何需改造。所以他心理雖然對德國恨得癢癢的，但德國卻也成為他最仰慕的聖地。

我的鄰居個性節儉，很少出國；但是出國一定只到一個國家，這個國家就是德國，當然出國目的都是有關技術考察的事項。八○年代，德國已是世界第二大經濟體，製造業早已蓬勃發展，於是服務業也漸漸地凌駕上來。他回憶說，當他第一次到德國取經時，一踏入下褟飯店，立刻就有三、四個服務生蜂擁而上。服務完畢後，就等著要小費。到了九○年代，日本已取代德國成為了世界第二大經濟體。當他第二次造訪德國，又入住相同的下褟飯店時，卻只有一個服務生幫忙，服務完畢後服務生也沒有等著要小費。

他很感慨，連德國經濟實力這麼強大的國家，到後來重視的都還是製造業；也難怪後來在歐債危機中，就只有德國能真正倖免於難了。放眼未來全球經濟發展，對於台灣經濟實力能否與德國相競爭，實在令人堪憂。我想台灣應該早就要清醒了。

CONTENTS 目錄

第三章　電腦繪圖應用

附　錄

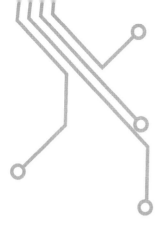

第一章

緒 論

1.1 發明創新的基因

　　一般人都知道，要為自己的發明申請專利保護；但關於要如何產生發明創新的動力起因，並沒有絕對的方法。究竟基於哪些因素，而使人類有了發明創新的動機並加以完成，向來眾說紛紜。不過，倒是有一些說法，以下提供大家參考。

1. 需求說

　　有人說，人類許多的發明創造，往往是起因於人類的懶惰天性所致。我們日常生活在處理事情過程中，常有許多造成不便煩惱之處，於是具有懶惰天性、求新求進的人類，便會產生需求，動腦思考，去尋找更方便舒服的解決之道。茲就舉下例供作參考：

【桌球發球機】

　　台北市三位小學四年級的學生，楊妤恩、楊承軒與謝定軒，在桌球教練楊明達帶領下，利用透明塑膠片與譜架的巧妙配合，組裝成可自由調整高度、角度與速度的桌球發球機。

　　由於市售發球機一台要價兩、三萬元，一次卻只能讓一名學生使用。而學生所研發的發球機是利用透明塑膠片與譜架組裝成，團隊利用透明塑膠片捲成管狀，以譜架調整高度與角度。這套桌球發球機可讓三名學生分成一組，一人練球、一人放球、一人撿球，使人人都有機會碰球。此發球機一套成本只要兩百一十元，因為成本低廉且準確度高，大受學生好評，成為 2012 年美國匹茲堡發明展國內年紀最小金牌得主。

2. 興趣說

　　從歷史之例子中可以發現，有時發明創造並不需要甚麼特別之專業知識技術或是受過正規的高等教育。例如：發明天王愛迪生是小學中輟生；發明汽船之福爾頓（Robert Fuiton），最初是一位藝術家；發明電報之摩斯（Morse），早期是一位人像畫家；發明電

話之貝爾（Alexander Graham Bell），原本對電學知識一竅不通。

茲舉下例供作參考：

【飛機的發明】

以飛機的發明為例，依照我們一般人的觀念推斷，發明飛機的人應該是德國當代大物理學家赫爾姆霍茨（Hermann von Helmholtz）。但他以物理學的理論角度證明，要以機械裝置飛上天，完全是人們的憑空幻想。

1903年時，從沒上過大學、名不見經傳的美國萊特兄弟（Wright brothers），歷經了多年的艱辛過程，最後終於將飛機送離地面，飛上了天空，從此也開創人類歷史上嶄新的一頁。由於美國萊特兄弟發明飛機，使得迄今美國的飛機製造仍執世界航空業之牛耳；至於其對於國防上之效益，更是難以估計。

當然，並非專業知識技術或高等正規教育對發明創造不重要，像上述已介紹過的發明天王愛迪生，最後就是不敵對手西屋公司僱用的數學家、技術家發明的交流電系統。以近代高科技之資訊電子產品、生藥醫學產品等發明而言，往往最需要的就是高深之專業知識技術。

3. 突破說

一般人在平常的思維上，往往會受到傳統觀念之拘束。有時候根深蒂固之觀念，反而會成為接受新觀念時之障礙；所以俗話也說：「江山易改，本性難移」。但是，在發明創造的思維上，我們有必要做逆向或另向思考，不要害怕改革，唯有推翻舊有之傳統窠臼，才能獲得重大的突破。

茲舉下例供作參考：

【自製清潔劑】

苗栗一位八十五歲的阿嬤以其自身生活經驗，研發出天然的清潔劑。她用小蘇打粉，加上椰子油、甘油和秘方，調配的清潔劑不

但能洗潔廚房用品，還能洗滌水果、清洗衣服。

　　台灣層出不窮的食安風波，讓大家對化學的添加物都莫不為之恐慌，所以阿嬤的天然清潔劑非常受到歡迎，此清潔劑還有送至農試所作動物實驗，老鼠連吃十四天後都呈現正常反應。阿嬤說，這樣賣給人才會安心。

4. 機遇說

　　你或許不相信，世界上有許多偉大的發明，除了是偶然的；也有可能是錯誤造成的，也就是所謂的弄拙成巧；甚至是「無心插柳柳成蔭」的結果。所以，馬克吐溫（Mark Twain）曾說：「最偉大的發明家是誰──偶然」（Name the greatest of all the inventors. Accident.）。茲舉下例供作參考：

【軍人的鋼盔】

　　在第一次世界大戰期間，有一次德國軍隊向法國軍隊發動突襲猛攻。法國軍隊中，一個在廚房工作的士兵，慌亂之中突發奇想，就拿起一個鐵鍋蓋在自己頭上加入戰鬥。雙方戰事非常激烈，傷亡相當嚴重，尤其是法方。

　　等到戰鬥結束後，法國這邊，除了這個士兵，其他人員大部份都陣亡了。這個士兵，身上雖然也受著傷，但頭部卻一點傷也沒有，因此能夠存活下來。一位法國將軍亞德里安知道這件後，就下令工程師設計改良，成了現在軍人上戰場時使用的鋼盔。

5. 多試說

　　很多人可能會認為自己的發明創造概念並不是很了不起，也不是什麼偉大的發明，因此就很快輕易地放棄了。事實上，很多創意的發明，往往是從諸多看起來並不怎麼起眼之構想中，逐步篩選、改進、演變而來。所謂「三個臭皮匠，勝過一個諸葛亮」，千萬不要輕易地放棄自己的發明構想。

　　茲舉下例供作參考：

【碳絲燈泡、鹼性電池】

　　十九世紀初，美國發明之王愛迪生，為了讓世界能在夜裡重新亮起來，他和他的夥伴以不眠不休的態度，用了一千四百多項的耐熱材料和四百多種植物纖維，經過了數萬次的實驗，才製造出世界上第一個碳絲燈泡。

　　在 1894 年，他總共做了一萬多次實驗失敗，才成功地研發出「愛迪生鎳鐵電池」。後來在 1909 年，為了改善舊有的電池，他又發明世界上第一個鹼性電池，為了這個發明項目，愛迪生足足進行了五萬次以上的實驗。

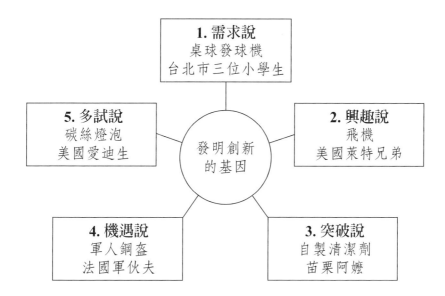

1.2 發明之王──愛迪生（Thomas Alva Edison）

　　談到發明與專利，就不能不提及發明之王愛迪生。愛迪生是美國發明家，他生於 1847 年 2 月 11 日，愛迪生的一生，總共有兩千多種發明。在美國，從 1848 年開始，自他申請到第一個專利──電子投票計數器起，愛迪生個人名下擁有 1,093 項專利。這項

個人所獲得的專利次數記錄，至今仍然無人能打破，因此愛迪生有了發明之王的美名。

愛迪生規定自己，十天要有一個小發明，六個月要有一項大發明。1922 年，紐約時報舉行民意調查，選出十二位現存美國最偉大的人物，結果愛迪生列名第一，連美國總統威爾遜都還在其後。紐約時報社論並恭維愛迪生說：「愛迪生的頭腦，按 1922 年市價計算，約應值現幣一百五十億美元」。

他改良了很多東西，包括對世界極大影響的留聲機、電影攝影機和鎢絲燈泡等。他所創辦的通用電力（General Electric）公司，迄今仍是美國大公司之一。愛迪生於 1874 年，以兩萬元創立世界上第一個科技研究所，雇用上百名各式各樣的專業人才專門從事開發新的發明創作。

經過美國國家專利暨商標局的推動，美國於 1973 年在俄亥俄州阿客朗郡（Akron, Ohio），創立了國家發明家名人堂（National Inventors Hall of Fame）。第一位登上名人堂的發明家，就是愛迪生（個人 1,093 項專利的世界記錄）。

1882 年，愛迪生三十五歲，在紐約建造了中央發電廠，開始輸送直流電，實現了電燈取代瓦斯燈的時代。大概在 1890 年燈泡發明後，愛迪生和西屋公司開始直流和交流的戰爭。決定勝利的關鍵點是「變壓器」，因為在當時，交流電的變壓器較為進步發達，使用它，交流電壓可以容易上升或降低。

因為電流有直流和交流之分，兩者的電力（電力＝電壓 × 電流）雖然相同；但在輸電過程中，兩者產生的熱量損耗並不相同，這就是問題所在。根據熱電轉換定律，熱量損耗與輸電電流的平方成正比，交流電可以藉由變壓器將電壓設定在高值，所以熱量損耗相對少很多。

以 1,100 W（瓦特，watt）的電力輸送為例，100 公里的輸電線路，假設電阻 R＝6Ω（歐姆，ohm），比較以 (1)110V（伏特，

volt），和 (2)110,000V 電壓（伏特，volt）在輸電線路傳輸時之功率損失。

(1)110 伏特：

電流 $I = P/V = 1100/110 = 10$ A，

熱能量損失 $H = I^2 \times R = 600$ W

損失比率 = 55%

(2)110,000 伏特：

電流 $I = P/V = 1100/110000 = 0.01$ A，

熱能量損失 $H = I^2 \times R = 0.0006$ W

損失比率 = 0.00000055%

因為愛迪生沒有受過較高的學校教育，以致無法用運用高難度的數學理解交流理論；而且，他頑固守舊，想要凡事都貫徹自己認定的方式。如上述之計算結果，交流和直流的技術差異，所導致經濟效益的差異十分明顯；但愛迪生電力公司卻頑固的堅持不交流電化，最後敗給了西屋公司特斯拉（Nikola Tesla）工程師所研發的交流電系統。

愛迪生的名言：「所謂的天才，是百分之一的靈感，加上百分之九十九的努力。」（Genius is one percent inspiration and nine-ty-nine percent perspiration.）

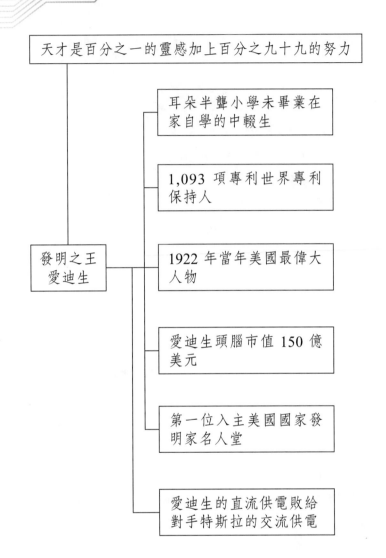

1.3 技匠達人

除了靠創新發明獲得專利，享受市場獲利外；其實我們在人生道路上，只要按部就班，專精於一項技能，依然能夠找出屬於自己的一片天，正所謂「一技之長在身，勝過萬貫家財」。

茲提供台灣一些技匠達人的故事，供作大家參考：

1.「刮花達人」張振財（高中畢業）

「刮花」工作是精密機械在製造時，最重要的幾道過程之一，自十八世紀工業革命以來，它已源遠流傳了兩百多年。特別的是，工業革命係利用機器取代人力，使產業自動化；但惟獨例外的，「刮花」一直是維持以人爲手工的操作模式。

「刮花」師傅的「刮花」工作，主要是運用一支刮花刀，完全藉助於人力，在機械床軌的磨合面間刮出適當均勻分佈的花紋。千萬不要小看這些不起眼的「刮花紋」，一台精密度以 0.001 mm（即 $1 \mu = 10^{-9}$ m）爲控制精度單位的 CNC（電腦數值控制）精密機械，能否達到機器設計的要求，全看「刮花」工作是否做好。

「刮花」達人張振財從事「刮花」工作達三十年，當初是跟他小學畢業的大哥從學徒開始學起。在刀法的造詣上，他已訓練到「人刀合一」的境界，每次下刀的間隔不到一秒，刀口離金屬面的距離少於 1 mm。因爲不同的高低平度需要用不同的力道去刮平，所以眼睛要迅速地判斷出工作面上的平直度差距，也因此訓練出他的手部動作要跟得上眼睛，等於眼睛看到哪裡，刮花刀就要刮到哪裡。

當然「刮花」達人也會碰到有問題的機器，但他不像一般的「刮花」師傅，總是懶得去探究原因，不願尋求解決之道，依舊抱著得過且過的心態。張振財會從機器的材質、熱處理、加工製程、設計原理，甚至溫度變化等問題去思考，直到找出答案，將問題解決爲止。看來張振財之所以會成爲「刮花」達人，是有他的道理的。

2.「裝潢達人」林存謐（國中畢業）

誠品商店中常見裝潢的木質無縫天花板，是由十幾塊木板併起來，這些天花板從外表看起來是一片平滑，也就是所謂的無縫接軌，必須完全不露一絲痕跡。其實這些還不算是很困難的，最重要的是當經過了十年的歲月，表面仍然不能龜裂，這種工程是木匠達

人林存謐首先開發出來。

做就要做最好的，本著這份堅持，讓企業家林百里捐款給故宮的條件之一，就是指定故宮的裝潢必須交給林存謐負責。林存謐的手工藝並不是特別的好，他班底下超過一半的師傅都比他厲害；但要預定他的裝潢工程，進度表一般都要排到一年後。

施工過程中，林存謐一旦覺得有不滿意的地方，就會打掉重做，所以不必等到業主開口，他早已經把問題解決掉了。林存謐坦誠，他不喜歡讀書，也不太會唸書；對他而言，連寫字、作文章，都是很困難的事，所以國中一畢業就被送去當木匠學徒。雖然不願讀書，但並不代表不願努力。他經常為了工作上的問題，一再尋求解決的方法，即使到晚上睡覺時，還是不停地反覆思索，所以他往往會連續多天睡不著覺。就是這種精神，讓他贏得別人對他職業上的敬重與地位，也闖出裝潢達人的一片天來。

3.「麵包達人」吳寶春（國中畢業）

麵包達人吳寶春生長於屏東縣內埔鄉，由於他的功課不是很好，國中畢業後，便到台北當麵包學徒。在「多喜田」當了十幾年的傳統麵包師傅後，受到陳撫洸師傅引介而接觸到新式麵包，他更加投入全心全力於新式麵包的製作研究與改良。

2010 年，吳寶春個人代表台灣，參加在法國巴黎舉行的首屆麵包大師比賽，在此之前，他已在其他國際大賽中獲名。巴黎麵包大師比賽，是世界麵包大賽新增項目，參賽資格由 2008 年資格賽各代表隊當中個人分數積分最高前兩名才可晉級參賽，吳寶春打敗了其它七國的選手，獲得歐式麵包組世界冠軍。

2013 年台灣的「天下雜誌」報導，吳寶春想唸研究所的經營管理碩士（EMBA）班，但因吳自身只具備國中學歷及「烘焙乙級技術士」等級，在臺灣想唸「EMBA」卻因不符入學資格而不得其門而入。然而，國外的新加坡國立大學卻積極地專派考官，要來臺

灣面試吳寶春，邀請他入學。

　　吳寶春個人則表示，他只是透過朋友介紹，向新加坡國立大學遞出申請，尚未進入面試階段，新加坡國立大學並未派人來臺面試。他曾到國立政治大學旁聽，但未向臺灣任一所 EMBA 提出申請，事件發展始料未及，只能說一切都是媒體的「好意」。

　　經過媒體大肆報導，教育部只得邀集各大學代表磋商，是否開放無「甲級證照」類別，以持有「乙級證照」加上五年工作資歷，作爲「同等學力」之依據，並儘速完成相關修法。外界將這次修法視爲「吳寶春條款」，希望也讓臺灣的教育相關制度更彈性。

4.「食神達人」鄭衍基（國中畢業）

　　鄭衍基，人稱「阿基師」，出生於臺灣彰化。十五歲國中畢業後，即進入廚房開始學徒工作，十年後當上主廚。阿基師一生獲獎頗多，例如從 1981 年起，獲得國際中餐烹調大賽金牌獎，接著又獲 1984 年行政院推廣梅花餐大賽金梅花獎等多項大獎。後來，他以能言善道的口才與流暢的國語、台語，製作並上電視主持烹飪節目，頗受各界好評。到了 2011 年，更獲得第四十四屆電視金鐘獎最佳綜合節目主持人獎。

　　阿基師不只是廚藝生涯資歷顯赫，還出版了六十餘本食譜、編輯製作過多項廣告代言、主持多個美食節目。

　　阿基師也在學校授課，擔任顧問，包括實踐大學生活應用科學系、輔仁大學餐旅管理學系、臺灣觀光學院等。並擔任過多項要職，包括國賓大飯店等多家著名大飯店行政總主廚、三位總統（蔣經國、李登輝、陳水扁）官邸御廚、維多利亞大飯店執行副總，是台灣眾所皆知的名廚。

5.「超跑（保時捷）修車達人」林昌嚴（國中畢業）

　　近年來，經濟風暴重創全球，在不景氣聲浪席捲下的台灣，卻是屢創奇蹟，反而有錢的人越有錢，最近幾年來，台灣還是亞太地

區賣出保時捷最多的國家。在台灣，聽說有將近三分之一的保時捷車子都是送到一個人手上維修，這個人就是超跑修車達人林昌嚴。

林昌嚴從當修車學徒到自己開店的十五年間，他靠的就是土法煉鋼式的學習，完全沒有正規的教導訓練，也沒有書籍手冊可供學習，他憑藉的就是用一雙銳利的眼睛偷學，和不斷的反覆練習。在林昌嚴還是擔任修車師傅時，車行老闆的二手保時捷需要維修，就叫林昌嚴開到原廠去。林昌嚴待在原廠四小時的期間裡，保時捷原廠的一切種種，讓他真正見識到什麼才是嶄新的汽車設計工藝與維修場地布置，於是他決心成為一個保時捷的修車師傅。

林昌嚴為了提昇自己的修車技術，保時捷原廠的技術手冊，他全部買來，並請人翻譯以供自己學習。一有機會，他就跟著業界的車商出國，到國外的保時捷維修廠商參觀研習。有時候，他也會遭到外國技術人員的冷嘲熱諷，說實在的，他也不在意，因為反正他也聽不懂英語。幾年下來，林昌嚴總共已投資幾百萬元在保時捷的維修研究上。

林昌嚴的修車廠，連他才三名員工，全都穿上整潔的制服，地板上看不到一點油漬。為了維修保時捷，他花了超過百萬元購置工具，往往一支專用的扭力扳手，價格就超過台幣三萬元，這些工具全部整整齊齊地固定排列在工具架上。廠裡隨時都存放著超過台幣五百萬元的保時捷備份零件，別家廠商修不好的保時捷，原廠無法提供的服務，就全靠他了。

林昌嚴算是成功了，但面對未來，他將會接受更嚴峻的考驗。因現代的跑車已全用電子訊號來控制運作，傳統的保時捷舊車也逐漸會由新車取代，沒有原廠的電腦，根本沒辦法維修原廠的跑車。保時捷的原廠電腦是管制品，除非是經由正常的特定授權管道，有錢也買不到。保時捷近年來也不再出售維修技術手冊，改以光碟代替；而且沒有保時捷的授權密碼，光碟也無法啟用。看來林昌嚴必須有更新的突破，才能突破現階段的瓶頸。

6.「種米達人」李文煌（國小畢業）

　　八十幾年前，種米達人李文煌的阿公，從台灣西部的桃園越過中央山脈來到東部的花蓮玉里落腳。身為長子的李文煌，從小就要餵牛，幫忙帶牛下田耕作，過著是典型的傳統農家生活。

　　為了研究種出優質的稻米，李文煌個人為此作出很大的犧牲。過去數十年來，他經常睡在稻田旁，從一早眼睛張開，到晚上眼睛閉合，他腦海裡都是稻子的樣子。他觀察稻葉的大小、顏色、厚薄、長短等，來判斷稻子的生長情形。但他也因多年來的長期陽光照射，導致眼睛受到傷害。

　　稻子的稻葉顏色大都偏向綠色，但其實是有不同的，農夫藉此來判斷稻子的生長情形。一般農夫大概可以分辨出四種稻葉顏色；但是種米達人李文煌種米的資歷已超過五十年，他光憑用肉眼輕輕帶過，就能辨出三十種的稻葉顏色。但是李文煌仍然認為，種稻子沒那麼簡單，即使研究了一輩子，他還是有許多地方弄不清楚。

　　李文煌已連續四年獲得日本米食味鑑定國際競賽特別優良賞大獎，該獎項每年只頒給十個人。只要連續五年獲得該獎項，就再能獲得日本米界的最高榮譽「名稻會」殊榮，這項殊榮到目前，全日本總共只有四個人得過，而他就是最接近此榮譽獎項的台灣人。李文煌種植的無毒稻米，外銷日本當地市場的價格一公斤要台幣一百五十元，這是台灣本地一般稻米價格的五倍。台灣不少的有名大企業，像是鴻海、台積電或台新金等，訂購稻米時，都指定是要李文煌的米。

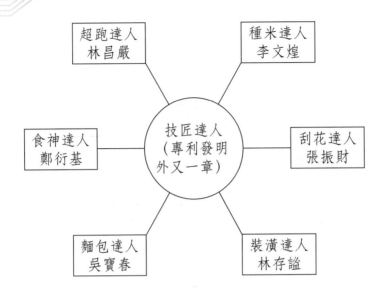

1.4 技術人才的隱憂

台灣人民以「台灣牛」精神努力奮鬥的結果，呈現出今日台灣的面貌。過往傳統產業中於小企業內工作的人才，可能都無法得到充足的教育資源。時至今日，情況已大有改善；但在傳統士大夫的觀念下，肯投入產業界工作的人才，可能並非是專業人才。實際技術上的工作經驗固然重要，但相關的理論知識並非就可忽視，二者其實相輔相成，不可偏廢。

茲以本人實際經驗為例，雖然係屬機械製造領域的範疇，但希望「他山之石，可以攻錯」。當然這些也許是個案或個人的觀感認定標準，未必一定客觀。其實，台灣還有很多優秀的人才，在業界默默地努力，為國家社會付出莫大的貢獻，大家應該還是要有信心。但既然有缺點存在，就不應諱疾忌醫；反而應力圖改進，以避免台灣往不好的方向傾斜。如果盡只是歌功頌德，講些好聽的話，相信這絕不是台灣之福。總之，防患於未然，才是本文的真正目的。希望下面這些例子，多少有參考價值，願大家可以此戒惕謹慎。

【例 1】

　　某外商設立之醫療器材供應廠商，產品提供給數家國際知名藥廠使用，員工數百人，產品幾乎全外銷。廠內使用的高級機器大多為歐洲、日本進口的工具機，非常重視品質管理、企業形象。技術員 A 為廠內研發機構的員工，專科相關科系畢業，工作勤奮，並已有多年實際工作經驗。

　　技術員 A 工作內容為協助公司有關專用生產機器（下稱專用機）之研發，專用機係使用鎢鋼刀對不鏽鋼產品進行切削加工，並利用滑塊機構對產品沖孔加工。

　　1. 技術員 A 並不知道，切削不同的材料必須使用不同的切削刀具。所以他切削不鏽鋼產品時，仍然使用使用平常一般切削碳鋼材料的 P 類鎢鋼刀，而非正確的 M 類鎢鋼刀。

　　2. 鎢鋼刀供應商有提供建議的切削速度，但技術員 A 分不清所謂刀具的切削速度或迴轉數，所以在實際進行切削加工時，只好用嘗試摸索的方式來設定刀具的迴轉數。

　　3. 專用機的滑塊機構，在安裝上個別的驅動馬達後，整個滑塊機構的質量中心位置大為改變。質量中心位置改變後，會對滑塊機構產生不當的彎曲力矩，使沖孔模具折損偏高，壽命減少；但技術員 A 並無質量中心、彎曲力矩的觀念。

【相關的理論知識】

　　1. 鎢鋼刀的使用類型，例如：切削碳鋼材料，使用 P 類鎢鋼刀；切削不鏽鋼材料，則使用 M 類鎢鋼刀。

　　2. 迴轉數（RPM, revolution of per minute）、切削速度（cutting speed M/MIN）

$$V = \pi DN$$

V：刀具的切削速度

π：圓周率

N：刀具的迴轉數

3. 質量中心

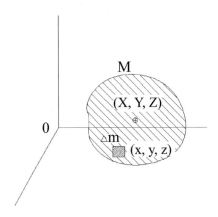

M：物體總質量

Δm：組成物體的無數個小質量

(X, Y, Z)：質量中心的座標

(x, y, z)：小質量的座標

$M = \Sigma \Delta m$

$X = \dfrac{(\Sigma \Delta m \times z)}{Z}$

$Y = \dfrac{(\Sigma \Delta m \times y)}{Y}$

$Z = \dfrac{(\Sigma \Delta m \times z)}{Z}$

4. 彎曲力矩

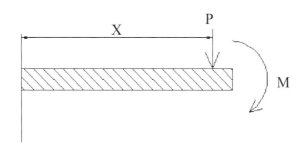

M：彎曲力矩

P：負載

X：負載至支撐端距離

$M = P \times X$

【例 2】

　　某國內面板大廠的協力廠商，負責提供製造面板大廠的專用機。協力廠商有員工數十人，工廠乾淨整潔，規劃完善；但員工素質參差不齊。技術員 B 國中畢業後認真工作多年，工作內容為廠內機械之組立。

　　技術員 B 由於並無工程視圖觀念，工作經驗累積全憑自我摸索，一路走來由旁人指導扶持，也在製造工廠工作了幾十年。只是近年來，台灣製造機種日益精良複雜，國外圖面也相對增多，工程視圖就更不易看懂理解，更遑論還有第一角、第三角投影之別。

　　有一次，技術員 B 剛好負責單獨組裝一台專用機，居然將機器左、右側全部裝反，技術員 B 反責怪設計繪圖人員不該將圖繪成與他所認知的表達方式相反，眾人也對其莫可奈何。

【相關的理論知識】

　　1. 物品在繪圖空間中，總共形成六個相對的垂直投影面，如下圖所示。

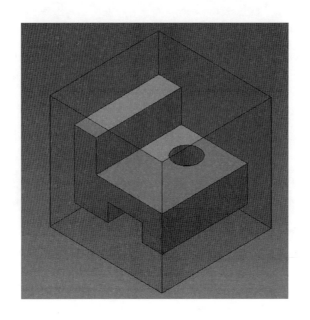

2. 物品在六個相對的垂直投影面共產生六個的視圖，此六個視圖在第三角投影法即所謂的前視圖（正視圖）、右視圖、上視圖（俯視圖）、左視圖、底視圖（仰視圖）及後視圖（背視圖），如下圖所示。

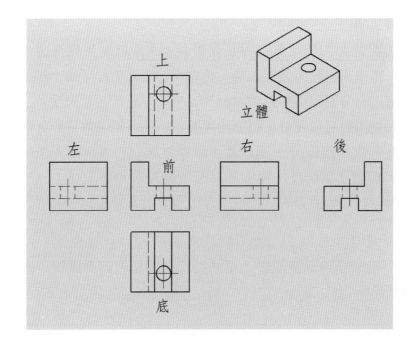

【例 3】

　　國內自有品牌的廠商，產品大多外銷；另一方面也經過國際知名廠商認證，成為其 OEM 協力廠商。廠內使用機器大多為日本進口的高級工具機，員工數十人，加工產品精度有一定水準。研發經理 C 雖然是科技大學相關科系畢業，但所學有限，對於相關的理論知識，常令人懷疑與學歷不成比例。其實，他自高中開始，即在自家廠內幫忙打工，有多年工作經驗，也經常出國參展產品，對相關領域產品算是已見識多廣。

　　1. 研發經理 C 有次從國外參展回來，帶回一個以齒輪驅動的鎖緊裝置，該鎖緊裝置具有將鎖緊加工工件的扭力矩加大幾十倍的功效。研發經理 C 宣稱要在 3 天內就完成鎖緊裝置之設計繪圖。

　　第 2 天，研發經理 C 就開始拆解樣品，但是次日卻默不作聲地將樣品組合回原樣。經過將近半年，那個德國製鎖緊裝置樣品依然還是擺在辦公桌上原封未動。後來有人與研發經理 C 聊天討論，交談之間，才發現研發經理 C 連齒輪最基本的模數知識概念都沒有。

【相關的理論知識】
M 表示模數
Z 表示齒數
D 表示齒輪節圓直徑

$$M = \frac{D}{Z}$$

　　2. 研發經理 C 曾經有次自告奮勇，承包某件國內一級面板大廠的專用機工程。研發經理 C 完成設計概示圖後，送到面板大廠。結果馬上被退件，更被批評得狗血淋頭。原來研發經理 C 將專用機主要結構設計成倒 T 型，面板大廠當面質疑研發經理 C，「在這種倒 T 型結構下，單就兩側臂重量所產生之彎曲力矩負荷，要如

何確保專用機的機械剛性與穩定度」。研發經理 C 由於沒有工程力學的基本觀念，因此並無法了解廠商的退件原因。

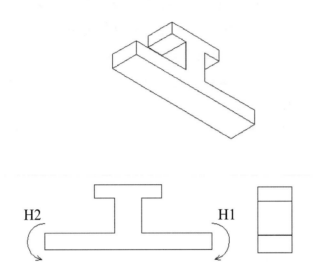

　　3. 研發經理 C 有次奉老闆之命，負責開發一件新產品——仿傚一台德國製的可自動對正中心精密夾鉗。老闆對研發經理 C 寄予厚望，還指派一位資深工程師負責幫忙設計繪圖，並向德國訂購該精密夾鉗以便仿製。研發經理 C 誓言半年後要將精密夾鉗樣品改良完成，並到國際上各知名展覽會參展。

　　研發經理 C 與資深工程師研發了一年半，終於完成了一件改良的精密夾鉗成品。但是該完成品，連最基本的夾持力矩都無法達成要求，更遑論要該成品做更精密的自動對正中心工作。

　　後來才發現研發經理 C 連精密夾鉗中，所必須最基本應用的肘節機構、螺旋機械利益等知識，全部都匱乏無知，毫無印象，也難怪開發之新產品會是如此的下場。

【相關的理論知識】

1. 肘節機構（Toggle mechanism）

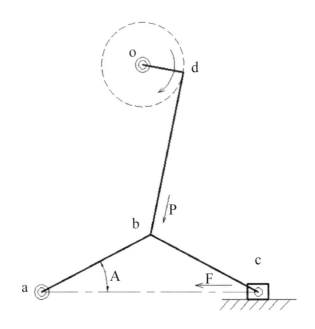

　　肘節機構為曲柄、滑塊連桿組的運用，當曲柄機構迴轉時，帶動連桿 db 的施力 P，並使滑塊機構的滑塊 c 產生往復運動及出力 F。假設滑塊機構的兩個連桿 ab、cb 為等長，即 Δabc 為等腰三角形。

　　肘節機構係使連桿施力 P 在較小的情況下，即可令滑塊產生相對較大的出力。當肘節之夾角愈小時，產生的出力愈大。

施力：P

出力：F

肘節之夾角：A

$$F = \frac{P}{(2 \times \tan A)}$$

【計算例】

當 A = 20°，tan A ≒ 0.344

F = P×(1/2tan A) = P×(1/2×0.344) = 1.37P

當 A = 5°，tan A ≒ 0.087

F = P×(1/2tanA) = P×(1/2×0.087) = 5.75P

當 A = 3°，tanA ≒ 0.052

F = P×(1/2tanA) = P×(1/2×0.052) = 9.42P

當 A = 1°，tan A ≒ 0.017

F = P×(1/2tan A) = P×(1/2×0.017) = 29.41P

2. 螺旋機構的機械利益

如下圖所示，說明螺旋機構的機械利益。

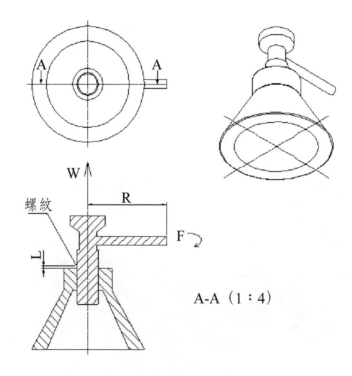

A-A (1：4)

假設螺旋機構（千斤頂）如上圖所示，螺桿與底座係以螺紋螺合，

千斤頂的螺桿把手旋轉半徑為 R，施力為 F，螺旋之導程為 L，頂持之負重為 W，如果不計較作功時的損失，則

$$W \times L = F \times 2\pi R$$

$$\frac{W}{F} = \frac{2\pi R}{L} = 機械利益$$

當螺桿把手旋轉半徑為固定值時，導程愈小，愈省力。

當導程為固定值時，螺桿把手旋轉半徑愈大，愈省力。

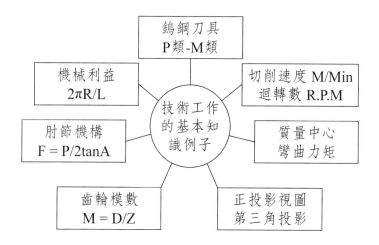

 練 習 題

1. 發明創新的動力起因有幾種說法？

2. 愛迪生一生主要的功過為何？他有哪句名言傳世？

3. 台灣有哪些技匠達人的故事？

4. 你認為在你的專業領域，台灣存有那些危機需待改善？

5. 能否舉出台灣技術人力還可以再提升的例子。

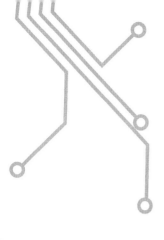

第二章

專利

2.1 專利保護

　　在平常一般智慧財產權的攻防中，我們常聽到所謂的專利權與營業秘密。專利權與營業秘密二者均屬智慧財產權，專利權、營業秘密兩者之間，僅能選擇一種來保護自己之智慧財產權利。營業秘密係受營業秘密法的保護；而專利權則受專利法（專利法條文內容請參閱本書附錄）的保護。

　　既然有了營業秘密法可以保護營業上的秘密，為何還要另外投入人力費用申請專利，是否有其必要？其實它們的不同在於申請專利必須將其擁有技術公開於世，昭告天下，所以如此，專利法明確警告第三者不能有專利侵權之行為。反之，營業秘密之所以稱為秘密，就是營業上不想公開、不想讓他人知道的「Know how」技術，所以不申請專利。但是營業秘密之產品一旦上市，如果第三者可藉直接的判斷解析，或間接的逆向工程方式求得技術，該產品就無從保護。

　　所以是否要申請專利，端視技術本身條件來衡量。像是生產可口可樂的製程、秘方技術，因他人無從得知，也不想公諸於世，於是就可藉由營業秘密法保護。但是要注意的，當以營業秘密法提起訴訟時，當事人必須充分舉證，證明所涉及的技術確實是營業上的秘密，且是遭到他人以非法竊取、洩漏等行為所致，才能構成侵害營業秘密。

　　隨著時代的演進，專利的營運管理已是企業經營上的一項重要策略。世界級科技大廠，諸如 IBM、蘋果（Apple）、三星（Samsung）等公司，所擁有的專利數量、範圍，往往多到連外人也無從一窺究竟。為何這些公司要對專利付出如此大的心力，主要就是因為市場上的需要。有龐大的市場商機，要遏止其他想分一杯羹的其他公司插進來，當然要佈下專利重兵。所謂「不恃敵之不來，恃敵之無以來」，正是這些公司的最佳寫照。

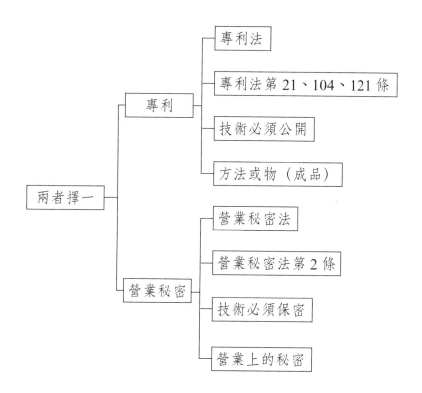

　　專利權主要是以專利說明書所載之申請專利範圍來界定，依照申請專利範圍所定義解釋之技術內容，如果他人未經其同意而製造、為販賣之要約、販賣、使用此等技術內容，便是專利侵權（Patent infringement）。我國三種專利權的定義，則分別於專利法第 58 條、第 120 條、第 142 條規定。

【發明專利】

專利法第 58 條規定：

　　「發明專利權人，除本法另有規定外，專有排除他人未經其同意而實施該發明之權。

　　物之發明之實施，指製造、為販賣之要約、販賣、使用或為上述目的而進口該物之行為。

方法發明之實施，指下列各款行為：

一、使用該方法。

二、使用、為販賣之要約、販賣或為上述目的而進口該方法直接製成之物。

發明專利權範圍，以申請專利範圍為準，於解釋申請專利範圍時，並得審酌說明書及圖式。

摘要不得用於解釋申請專利範圍。」

【新型專利】

專利法第 120 條中規定：

「第五十八條第一項、第二項……，於新型專利準用之。」

【設計專利】

專利法第 142 條中規定：

「第五十八條第二項……，於設計專利準用之。」

2.2 專利種類

我國專利法依據所申請專利之性質、內容、條件及範圍等的不同，將專利分為：發明、新型、設計（舊專利法稱新式樣）三種。

專利法第 2 條規定：

「本法所稱專利，分為下列三種：

一、發明專利。

二、新型專利。

三、設計專利。」

　　有關三種專利的定義，則分別於專利法第 21 條、第 104 條、第 121 條規定。

1. **發明專利**（Utility patent, Invention）

專利法第 21 條規定：

　　「發明，指利用自然法則之技術思想之創作。」

2. **新型專利**（New model, Utility model **或** Petty patent）

專利法第 104 條規定：

　　「新型，指利用自然法則之技術思想，對物品之形狀、構造或組合之創作。」

3. **設計專利**（New design, Industrial design）

專利法第 121 條規定：

　　「設計，指對物品之全部或部分之形狀、花紋、色彩或其結合，透過視覺訴求之創作。

　　應用於物品之電腦圖像及圖形化使用者介面，亦得依本法申請設計專利。」

　　我國三種專利之專利權同樣都擁有禁止他人製造、為販賣之要約、販賣或使用之權，但專利權之期間則因申請專利之種類不同而有不同，其中：

　　發明專利權期限，為自申請日起算二十年屆滿（專利法第 52 條）。

　　新型專利權期限，自申請日起算十年屆滿（專利法第 114 條）。

　　設計專利權期限，自申請日起算十二年屆滿（專利法第 135 條），衍生設計專利權期限與原設計專利權期限同時屆滿。

相對於我國將專利種類分為：發明、新型、設計三種，世界上與我國關係較密切的美、日、中國大陸 …… 等，他們亦是將專利分類；但分法、名稱或有差異，保護年限亦各不相等；且隨各國專利修法後，保護年限也會有所調整。

綜上所述，申請專利時宜先確定：

1. 首先應辨別所要申請專利的種類

依目前我國專利法規定，發明專利係採用早期公開制度及實質審查，新型專利採用形式審查（註冊主義），設計專利則採用實質審查。申請人應衡量所要申請專利種類的技術內容，做好相關之準備

2. 考慮專利的保護年限

因專利的申請、維護、管理都要投入相當的人力費用，所以申請專利時，宜考慮市場獲利的潛力價值，進行精確的評估。

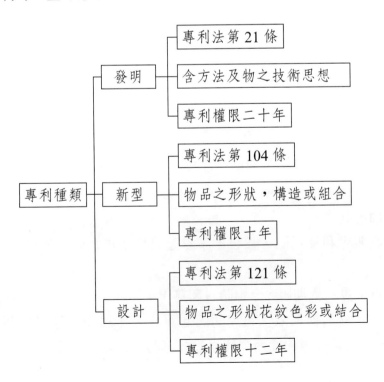

2.3 申請專利

在我國申請專利，可以透過兩種方式進行，即：

1. 自行申請：即專利申請人自己向智慧財產局申請。

2. 委任代理人辦理：即專利申請人委任代理人（專利師或專利代理人）辦理。

專利法第 11 條規定：

「申請人申請專利及辦理有關專利事項，得委任代理人辦理之。

在中華民國境內，無住所或營業所者，申請專利及辦理專利有關事項，應委任代理人辦理之。

代理人，除法令另有規定外，以專利師為限。

專利師之資格及管理，另以法律定之。」

專利師法第三十六條規定：

「本法施行前領有專利代理人證書者，於本法施行後，得繼續從事第九條所定之業務。

專利代理人從事業務之管理，準用第五條後段、第七條、第八條及第十一條規定。」

也就是說，除了在中華民國境內，無住所或營業所者（通常是外國人、僑民等），在我國申請專利，就一定必須委任代理人辦理

當申請人向我國申請專利時，必須依我國專利法規定撰寫專利申請書。專利申請書有一定之規定格式，申請人務必遵照專利專責機構，即智慧財產局規定之範本格式書寫。隨著時代需求及專利法規之修改，專利申請表格亦會隨之調整，申請人得即時跟上腳步，使用最新之專利申請表格。

申請人可自行上智慧財產局（http://www.tipo.gov.tw/ch/）網

址，下載專利申請表格。爲了配合時代的進步，網路科技的發達，及國際間之專利資訊交流，智慧財產局也設有專利的電子申請制度。申請人可依個人需求，上智慧財產局（http://www.tipo.gov.tw/ch/）網址點選所需要之專利資訊或申請書表及申請須知。

由於申請專利的程序，專利說明書的格式、用語與主張之技術內容等，往往都涉及專業，一般人對此等並不容易了解。專利申請人常常在一開始專利申請程序上，即因不合規定而遭駁回。至於往後之專利審查、修正、訴願、訴訟，甚至於取得專利以後之管理維持、權利攻防等，更是會衍生一大堆問題。建議除非是專利申請人已具備豐富的相關專利業務外，還是委任代理人辦理。專利申請人則可專心從事於自身的本業工作，才不至於顧此失彼，兩頭均落空。

一般委任代理人辦理的方式，都是委託具有辦理專利業務的事務所，或是執業的專利師或專利代理人。如果是相關專利的事務所，當然也是必須具有專利師或專利代理人資格者。如前所述，因專利事務涉及太多的專業，當委任代理人辦理專利事務時，建議要多徵詢及注重代理人的信譽口碑、專業水準。

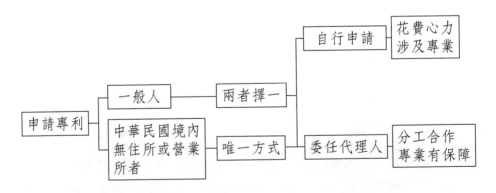

2.4 專利分類

自從實施專利制度以來，世界上已累積了相當多之專利文獻，爲了能將這些人類豐富的智慧財產結晶，給人類科技文明發展帶來

莫大的貢獻，並作為專利申請時之專利評價、檢索。早年已經做過適當之整理分類，訂出國際專利分類（IPC）表（簡稱分類表）第一版。為了改分類系統，和適應技術的不斷進步發展，所以分類表訂有各版本之有效期間，並定期進行修訂。

依分類表規定，在所有根據分類表分類的專利文獻的分類號前面，均加註一「國際專利分類」之英文縮寫，即「Int. Cl.」字樣。又因應修訂之不同版本，在 Int. Cl. 之右上角再加註其版本之阿拉伯數序。例如：根據第七版分類的分類號係以 Int. Cl.[7] 來表示。

分類表的編排與用法，主要是利用不同的階層結構作細分；階層結構是根據整個技術之差異，按照遞降次序編排。越高的階層，涵蓋的領域越廣（粗分）；越低的階層，涵蓋的領域越小（細分）。目前一個完整之分類號，應包含五個階層結構（即五階分類）。例如：

F	16	H	9/00
部	主類	次類	目（主目）
F	16	H	9/24
部	主類	次類	目（次目）

階層結構的分類原則，是依序由部、主類、次類、目（主目 / 次目）遞降編排。每個階層主要由類號、類名等組成，其中：

類號由英文大寫字母、阿拉伯數字，兩者單獨或聯合構成。類名則是以文字概略指出該階層涵蓋之內容。

實務上因遞降編排的關係，要瞭解每個階層所涵蓋之內容，就要從最上的階層逐步縮小到目前該階層的領域。該階層的分類號，就從最上的階層加到目前的階層。

如下例所示，即為完整之五階分類。

【例】F16H9/24

如果只算到部，那就是 F。

如果算到主類，那就是 F16。

如果算到次類，那就是 F16H（即三階分類）。

依此類推，如果算到次目，那就是 F16H9/24（即五階分類）。

現在就每個階層概略說明：

【部】

1. 類號：由英文大寫字母 A～H 等八個部組成，涵蓋了專利發明的全部知識領域。

2. 類名：以文字概略指出該階層涵蓋之內容。八個類名如下：

A：生活必需品。

B：作業；運輸。

C：化學；冶金。

D：紡織造紙。

E：固定建築物。

F：機械工程；照明；供熱；武器；爆破。

G：物理。

H：電學。

【主類】

1. 類號：由部的類號後面依序加上二位阿拉伯數字組成。

例如：F16。

2. 類名：以文字概略指出主類涵蓋之內容。

例如：F16 工程元件或部件。

【次類】

1. 類號：由主類的類號後面依序加上一個英文大寫字母組成。

　　例如：F16H。

　2.類名：以文字概略指出主類涵蓋之內容。

　　例如：F16H　傳動裝置的元件。

【目】

　　目包括主目與次目。

　　目的類號由次類的類號後面依序加上由斜線分開的 2 組數字組成。

（主目）

　1.類號：由次類的類號後面依序加上一組數字（一到三位）斜線及「00」組成。

　　例如：F16H9/00

　2.類名：以文字指出與檢索相關之主目涵蓋內容。

　　例如：F16H9/00 用環形撓性元件可變速傳動 …… 之傳動
　　裝置。

（次目）

　1.類號：由次類的類號後面依序加上它所屬主目之一組數字（一到三位）、斜線及一組「00」數字以外、2 位以上之數字組成。

　　例如：F16H9/24

　2.類名：以文字明確指出與檢索相關之主目範圍內的一個主題範圍。例如：F16H9/24　用環形撓性元件可變速傳動 …… 之傳動鏈。

　　我國專利的國際專利分類內容資料，可從經濟部智慧財產局網站（www.tipo.gov.tw/ch/）查詢下載檢索。

1.

國際專利分類 —

— 版本

```
              7
 Int.Cl.
```

2.

國際專利為 5 階分類，階層愈低，涵蓋的領域就愈小。

例如：F16H9/24。

　部　主類　次類　目　　次目

```
 F 16 H   9/ 24
```

部：F，機械工程；照明；供熱；武器；爆破（共分為 A～H 等
　　八個部，涵蓋全部專利知識領域）。

主類：F16，機械工程上的元件。

次類：F16H，機械工程中，傳動裝置的元件。

主目：F16H9/00，機械工程中，在傳動裝置用以可變速傳動的
　　　環形撓性傳動元件等。

次目：F16H9/24，在機械工程的傳動裝置中，用以可變速傳動
　　　的環形撓性傳動鏈條。

2.5 法條形式

　　臺灣是個民主法治國家，如前所述，專利係受專利法的保護，
所以當涉及有關專利的事項時，一切作為都要依專利法為準則、依
據。基於一般人並非都具有法律的專業知識，為使彼此之間有能溝
通的管道，至少對於法條之書寫形式應該有基本的認識，否則就會
有雞同鴨講，不知所云的感覺。

　　我國的各種法律，它的法規條文一定是分條書寫，也就是按照
數字先後順序排列，逐條分列編寫，一般稱之為法條；而法律之表
現形式，即法律條文內容之書寫記載格式。

中央法規標準法第 8 條規定：

「法規條文應分條書寫，冠以「第某條」字樣，並得分為項、款、目。項不冠數字，空二字書寫，款冠以一、二、三等數字，目冠以 (一)、(二)、(三) 等數字，並應加具標點符號。

前項所定之目再細分者，冠以 1、2、3 等數字，並稱為第某目之 1、2、3。」

也就是說，如果某一條文內容較複雜，無法以單一條文直接敘述清楚完畢者，在條文內可再細分為項、款、目。其中項的部分不冠以數字，低二字書寫；款的部分冠以數字，目的部分冠以帶有括弧的數字，並應加具標點符號。

如果法律的內容繁複或條文較多者，就可將整部法律劃分為：編、章、節的方式；而編、章、節的部分，也是按照數字先後，順序排列。實際之法條內容，可參考本書附錄的專利法記載格式。

現在就以專利法第二章「發明專利」第一節「專利要件」中之第 22 條為例說明：

專利法第 22 條規定：

「可供產業上利用之發明，無下列情事之一，得依本法申請取得發明專利：

一、申請前已見於刊物者。

二、申請前已公開實施者。

三、申請前已為公眾所知悉者。

發明雖無前項各款所列情事，但為其所屬技術領域中具有通常知識者依申請前之先前技術所能輕易完成時，仍不得取得發明專利。

申請人有下列情事之一，並於其事實發生後六個月內申請，該事實非屬第一項各款或前項不得取得發明專利之情事：

一、因實驗而公開者。

二、因於刊物發表者。

三、因陳列於政府主辦或認可之展覽會者。

四、非出於其本意而洩漏者。

申請人主張前項第一款至第三款之情事者，應於申請時敘明其事實及其年、月、日，並應於專利專責機關指定期間內檢附證明文件。」

上述專利法第 22 條的解讀請參考如下：

1. 如果記載的法條是「專利法第 22 條第 1 項第 3 款」

根據上述法條內容，那「專利法第 22 條第 1 項第 3 款」指的就是「申請前已為公眾所知悉者」之情事。

2. 如果記載的法條是「專利法第 22 條第 2 項」

指的就是「發明雖無前項各款所列情事，但為其所屬技術領域中具有通常知識者依申請前之先前技術所能輕易完成時，仍不得取得發明專利。」之情事。

3. 如果記載的法條內容是關於「非出於其本意而洩漏者」之情事

那麼涉及的就是「專利法第22條第3項第4款」之條文規定。

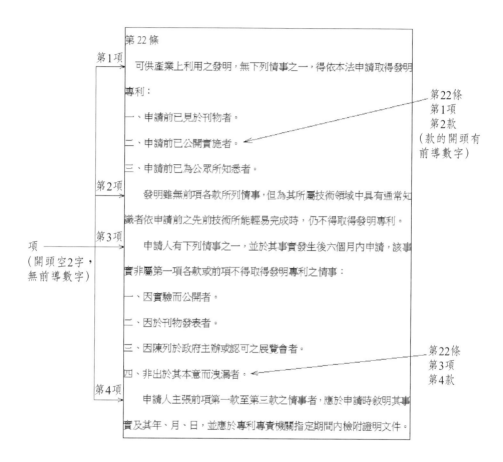

2.6 專利要件

不管是哪一種專利，在申請時的技術內容都必須具備一定的條件，我們稱之為專利要件（Patent ability），或專利要素（Patent element），也有人稱之為可專利性（Patentability）。專利要件是

取得專利權與維持專利權之法定要件，只要不符合其中任何一項專利要件者，就不能擁有專利權。

專利要件有三項，姑稱之「專利三要件」，計有：有用性（Utility）、新穎性（Novelty）、創作性（Non obviousness）。「專利三要件」為各種專利申請時所必須具備的要件，即通常所謂之一般性專利要件或共同性專利要件。

三種專利的專利要件在專利法中之規定為：

· 發明專利：專利法第 22、23 條
· 新型專利：專利法第 120 條（準用發明專利條款）
· 設計專利：專利法第 122、123 條

「專利 3 要件」是專利在審查技術內容上的共同基準，也就是說專利專責機關准予或不准予專利的依據，所以專利申請人對此務必有些基本的認識。茲分別介紹之。

2.6① 有用性（Utility）

「有用性」，有些人也稱之為「實用性」，或稱「產業上之利用性」（Industrial applicability）。例如：

專利法第 22 條中規定：

「可供產業上利用之發明……」

2.6② 新穎性（Novelty）

新穎性一般最簡單的解釋是指「新」而言，意指以前並不存在者。在專利法條中，新穎性之解釋有兩種，即一般新穎性與擬制新穎性：

1. 一般新穎性

一般新穎性在條文中採用負面列示來定義，專利申請案如無條

文列示之情事之一者，即具有新穎性；但相對地，只要有其中情事之一者，即喪失新穎性。例如：

專利法第 22 條中規定：

「可供產業上利用之發明，無下列情事之一，得依本法申請取得發明專利：

一、申請前已見於刊物者。

二、申請前已公開實施者。

三、申請前已為公眾所知悉者。

發明雖無前項各款所列情事，但為其所屬技術領域中具有通常知識者依申請前之先前技術所能輕易完成時，仍不得取得發明專利。

申請人有下列情事之一，並於其事實發生後六個月內申請，該事實非屬第一項各款或前項不得取得發明專利之情事：

一、因實驗而公開者。

二、因於刊物發表者。

三、因陳列於政府主辦或認可之展覽會者。

四、非出於其本意而洩漏者。」

關於專利法第 22 條第 1 項第 1、2、3 款規定之一般新穎性，又可分為：

(1) 絕對新穎性（Absolute novelty）

係指發明在發生已見於刊物、已公開使用者或已為公眾所知悉者等情事時，不論發生地點在國內或國外，公開方式為何，該發明即不具新穎性。

(2) 相對新穎性（Relative novelty）

依公開之方式與地點，相對新穎性又可分為兩種：

A. 如果是公開之刊物，不論發生地點在國內或國外，該發明

即不具新穎性。

　　但如果是公開之使用，發生地點必須是在國內，該發明才不具新穎性。即，如果是公開之使用，發生地點是在國外，該發明便不能謂之不具新穎性。

　　B.只有在國內公開之刊物及在國內公開使用，該發明才不具新穎性。

　　參酌我國專利法第22條等規定，我國係採絕對新穎性之認定。

2. 擬制新穎性

　　擬制新穎性主要是針對他人申請在先尚未公開或公告之前案，並為在前案已揭露之部分，故

專利法第23條規定：

　　「申請專利之發明，與申請在先而在其申請後始公開或公告之發明或新型專利申請案所附說明書、申請專利範圍或圖式載明之內容相同者，不得取得發明專利。但其申請人與申請在先之發明或新型專利申請案之申請人相同者，不在此限。」

2.6 ③「創作性」或「非顯而易知性」（Non obviousness）

　　通常「創作性」是指和先前之技術內容比較，創作內容必須是不輕易所能想出來的，也就是「非顯而易知性」（Non obviousness），亦有人將之稱為「進步性」（Inventive step）。

　　進步性要件在我國專利法中之規定，即

專利法第22條第2項規定：

　　「發明雖無前項各款所列情事，但為其所屬技術領域中具有通常知識者依申請前之先前技術所能輕易完成時，仍不得取得發明專利。」

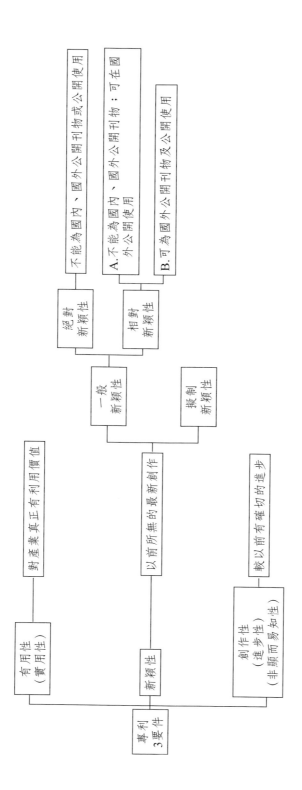

2.7 專利申請書

　　如前所述，當申請人向國家申請專利時，專利申請表格必須依智慧財產局規定之範本格式書寫。隨著時代需求及專利法規之修改，專利申請表格亦會隨之調整，讀者得即時跟上腳步，使用最新之專利申請表格，智慧財產局並有相關說明及範例供參考。因發明、新型或設計專利申請書之撰寫格式規定，有不少是雷同的；尤其是發明與新型專利申請書，故以發明專利申請書之撰寫爲例，申請新型或設計專利請參酌辦理。

　　發明專利申請書其實包括程序要件、發明摘要、發明專利說明書、申請專利範圍（Claim）及圖式等部分。

　　其中申請專利範圍（Claim）、圖式於另兩節中敘述。

　　本書的附錄有發明專利申請書範本，請自行參閱。以下將前三部分各別敘述。

2.7① 程序要件部分

　　茲以發明專利申請書之撰寫爲例，依行次順序分別列出。

1.「※ 申請案號」、「※ 案由」、「※ 申請日」。
2.「一、發明名稱：（中文／英文）」。
3.「二、申請人：（共○人）」。
4.「三、發明人：（共○人）」。
5.「四、聲明事項」。
6.「五、說明書頁數、請求項數及規費」。
7.「六、外文本種類及頁數」。
8.「七、附送書件」。
9.「八、個人資料保護注意事項」。

　　以上主要是屬於專利申請的程序要件部分，塡寫的內容可能因申請人背景狀況而異，申請人可參酌發明專利申請須知之相關規定

填寫。本部分雖較無關專利技術，但因都有規定的格式，正如前所述，建議除非是專利申請人已具備豐富的相關專利業務外，為免影響申請人權益，申請專利時可委任代理人辦理。

2.7 ② 發明摘要部分

1.「※ 申請案號、※ 申請日、※ＩＰＣ分類」。

2.【發明名稱】（中文 / 英文）。

3.【中文】及【英文】（發明摘要）。

發明摘要應敘明發明所揭露內容之概要，包含所欲解決之問題、解決問題之技術手段以及主要用途，字數以不超過 250 字為原則。

4.【代表圖】。

5.【本案若有化學式時，請揭示最能顯示發明特徵的化學式】。

2.7 ③ 發明專利說明書部分

專利說明書可說是一件專利最精髓的部分，專利說明書之撰寫非常重要，主要是以文字來闡明所申請專利的技術內容，它會影響到專利審查人員對所申請專利的技術內容判斷。發明說明部分並且可以作為解釋申請專利範圍之依據，對所申請專利的權力範圍，亦有絕對的影響。故申請人對專利說明書之撰寫，不可不慎重為之，茲說明如下。

1.【發明名稱】（中文 / 英文）

2.【技術領域】

發明所屬之技術領域，係指所申請專利的發明所屬或直接應用的具體明確技術領域。

3.【先前技術】

說明中所載的先前技術，係指申請人在申請專利之前，所能知道的習用技術。

4.【發明內容】

發明內容主要在敘述 3 個部分：

A. 發明所要解決的問題，

B. 解決問題的技術手段，

C. 對照先前技術所改良增進的功效。

5.【圖式簡單說明】

如果所申請之發明專利附有圖示，則必須將所有圖示依圖號順序，及各圖主要代表意義做簡要文字說明。

6.【實施方式】

實施方式係針對所申請專利之技術內容，做更進一步之詳細說明，使技術內容更為具體明確，且充分揭露，使該發明領域具有一般知識技術者瞭解其技術並據以實施。

7.【符號說明】

所申請之發明專利中之主要元件符號，都應依符號歸屬之層次，由最上階（主要組成元件）逐步推展（次要組成元件 …… 個別元件）。

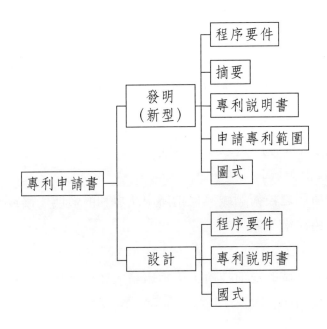

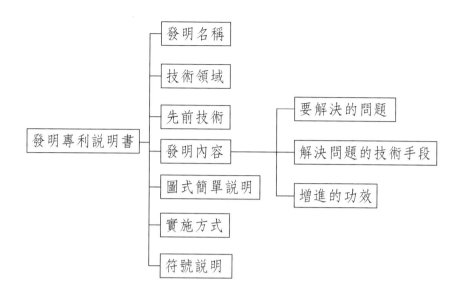

2.8 申請專利範圍

　　由於申請專利範圍乃申請專利技術內容重心之所在，對專利權之主張具有舉足輕重之影響。有關申請專利範圍之撰寫方式、內容，在專利法及專利法施行細則中均有明確之規定。

專利法第 26 條中規定：

　　「申請專利範圍應界定申請專利之發明；其得包括一項以上之請求項，各請求項應以明確、簡潔之方式記載，且必須為說明書所支持。」

專利法施行細則第 18 條：

　　「發明之申請專利範圍，得以一項以上之獨立項表示；其項數應配合發明之內容；必要時，得有一項以上之附屬項。獨立項、附屬項，應以其依附關係，依序以阿拉伯數字編號排列。

　　獨立項應敘明申請專利之標的名稱及申請人所認定之發明之必要技術特徵。

　　附屬項應敘明所依附之項號，並敘明標的名稱及所依附請求項外之技術特徵，其依附之項號並應以阿拉伯數字為之；於解釋附屬項時，應包含所依附請求項之所有技術特徵。

　　依附於二項以上之附屬項為多項附屬項，應以選擇式為之。

　　附屬項僅得依附在前之獨立項或附屬項。但多項附屬項間不得直接或間接依附。

　　獨立項或附屬項之文字敘述，應以單句為之。」

　　申請專利範圍中的請求項分為兩種：一種為獨立項，一種為附屬項。獨立項主要用以載明所申請專利的標的，及實施專利的必要技術特徵。所以獨立項必須指明申請專利的標的名稱，及所欲解決問題不可或缺的必要全體技術手段。附屬項可以說是一種依附項。附屬項係包含有所依附請求項的所有技術特徵，並另外增加依附的技術特徵，以對所依附請求項的技術手段作進一步的限制細節或同等實施。

　　茲以下例的申請專利範圍內容說明：

　　1.一種太陽能集熱器，本發明之集熱器包括水套、真空管，水套一端為冷水進口，另一端為熱水出口；其係：在集熱器之水套內，設置有一導流主幹管，沿導流主幹管軸心線再垂直延伸出複數支分歧管。

　　2.如申請專利範圍第 1 項所述的太陽能集熱器，其中導流主幹管與水套之冷水進口呈水平同軸連接。

　　3.如申請專利範圍第 1 項所述的太陽能集熱器，其中在分歧管之外壁上，即真空管之內徑 D_i、分歧管外徑 D_o 之間，設置複數個紊流產生器。

　　4.如申請專利範圍第 3 項所述的太陽能集熱器，其中分歧管之外壁上，即真空管之內徑 D_i、分歧管之外徑之間，設置複數個

導葉片。

5. 如申請專利範圍第 4 項所述的太陽能集熱器，其中導葉片數目大於 1。

6. 如申請專利範圍第 1、2、4 或 5 項所述的太陽能集熱器，其中水套係由保溫層封閉而成。

7. 如申請專利範圍第 1、2、3 或 5 項所述的太陽能集熱器，其中真空管可採用全玻璃式太陽真空集熱管。

上述的申請專利範圍可歸結：

（一）共有 7 項的請求項。

（二）獨立項部分為請求項 1，附屬項部分為請求項 2～7，其中請求項 6、7 為多項附屬項。

（三）所謂「依附於二項以上之附屬項為多項附屬項，應以選擇式為之」，即多項附屬項中所載之被依附的獨立項或附屬項項號之間應以「或」或其他與「或」同義的擇一形式用語表現。例如請求項 6、7。

（四）所謂「多項附屬項不得直接或間接依附另一多項附屬項」，假如上述請求項第 7 項記載為：「如請求項 1、2、3 或 6 之……」，即屬違反規定，因第 6、7 項均為多項附屬項，故第 7 項不得直接或間接依附於第 6 項。

申請專利範圍內容：
十個請求項：獨立項1、4、7、9，附屬項2、3、5、6、8、10。
單項附屬項：附屬項2、3、5、8。
　　　　　　附屬項2依附於獨立項1，附屬項3依附於附屬項2，
　　　　　　附屬項5依附於獨立項4，附屬項8依附於獨立項7。
多項附屬項：附屬項6、10。
　　　　　　附屬項6依附於獨立項1、4或附屬項5，
　　　　　　附屬項10依附於獨立項7或獨立項9。
多項附屬項6、10不可依附，如下右圖：

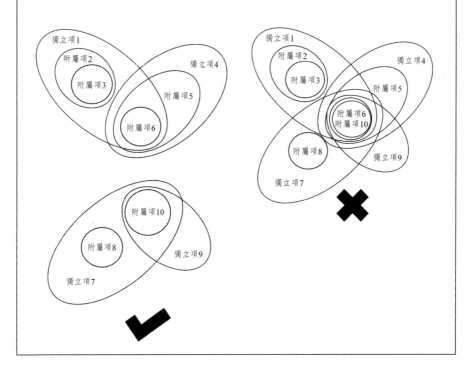

2.9 專利圖式

　　專利說明書中具備必要圖式，係在於補充說明文字之不足，使該發明領域具有一般知識技術者在閱讀說明時，藉由圖式之補助，能徹底完全了解其所申請專利之技術內容，並作為是否據以實施之判斷。

專利法施行細則第 23 條：

「發明之圖式，應參照工程製圖方法繪製清晰，於各圖縮小至三分之二時，仍得清晰分辨圖式中各項細節。

圖式應註明圖號及符號，並依圖號順序排列，除必要註記外，不得記載其他說明文字。」

工程上有關物品的工程製圖表現方式，大致上可分為：

（一）立體圖〔即寫生圖、或 3D 圖（3 Dimension），3D 圖即三維視圖〕。

（二）平面圖〔即視圖、工程視圖，或 2D 圖（2 Dimension），2D 圖即二維視圖〕。

2.9① 立體圖部分

立體圖所呈現的就如同我們平常所看到的物品外觀一樣，根據其投影（Projection）方式又分為：

1. 正投影立體圖。
2. 斜投影立體圖。
3. 透視投影立體圖。

每個投影立體圖，實際上又可再細分為：

1. 正投影立體圖：等角圖、二等角圖、不等角圖。
2. 斜投影立體圖：等斜圖、半斜圖。
3. 透視投影立體圖：一點透視圖、二點透視圖、三點透視圖。

在實務上，不論是手工繪圖或是電腦繪圖，目前一般最常使用到者為等角正投影立體圖。

2.9 ② 平面圖部分

利用正投影原理，將物品在投影面（紙面）呈現的投影（輪廓形狀線條），即如同紙面上所繪製之視圖（平面圖），這也就是我們一般實務上所要繪製之視圖。利用正投影原理所顯示的視圖，與物品的大小形狀是完全相同的。

任何物品在空間中，都可形成總共六個相對的垂直投影面。因此任何物品都能產生六個視圖，此六個視圖即所謂的前視圖（正視圖）、右視圖、上視圖（俯視圖）、左視圖、底視圖（仰視圖）及後視圖（背視圖）。

如果所申請專利的技術特徵是位於物品的內部，從物品的外部無法看出，圖式中必須以剖視圖（Sectional view）方式表現。如果所申請專利的技術特徵，並不與物品的投影面平行，圖式中必須以輔助投影視圖（Auxiliary projection view）方式表現。對於太小的物品，當然不能以1：1的比例繪製，則以部分放大視圖（Partial enlarged view）方式表現。如果是多數元件組合的物品，為了了解元件間的組合空間型態，就應以組合圖式（Assembly view）方式表現。當然，如果連組合前的元件之排列關係也能揭露的話更好，就要利用爆炸視圖（Explosive view）。

有關圖式的繪製，約略有三種方式：

1. 徒手製圖：純粹只運用鉛筆、橡皮擦等，完全藉由人力完成繪圖。

2. 儀器製圖：藉由製圖儀器或繪圖機等幫助，由人操縱這些儀器完成繪圖。

3. 電腦輔助製圖：電腦輔助製圖即CAD（Computer Aided Drafting），或有人稱之為電腦輔助設計及製圖CADD（Computer Aided Design & Drafting），主要係利用電腦繪圖軟體、電腦設備完成繪圖。

　　目前業界所使用的電腦輔助製圖軟體相當繁多，一般台灣市面上常見工程方面之電腦繪圖設計軟體約有：AutoCAD、AutoCAD Mechanical、SolidEdge、SolidWorks、Inventors、Pro-Engeer、Unigraphics、CATIA、IDEAS……等。其中 AutoCAD 是目前在 2D（平面）繪圖較常用到者；至於 3D 繪圖方面，則以後來發展的 SolidWorks、Inventors、Pro-Engeer 等軟體較為流行。

　　至於在造型、外觀方面相關的電腦繪圖設計軟體約有：3DS MAX/Design、Corel DRAW、Illustrator、InDesign、Photo Cap、Rhinoceros、FREEForm、Maya、Adobe Photoshop、Photo Impact、Paint Shop Pro、Sketch up、Mac OS……等，對於申請設計專利的人可能較為常用。

　　以上所介紹過之各種圖式，請參考下列之實例。至於要採用那種圖式表現方式，申請人實際申請專利時，再斟酌專利技術特徵之需求，以作為繪製圖式之選擇。

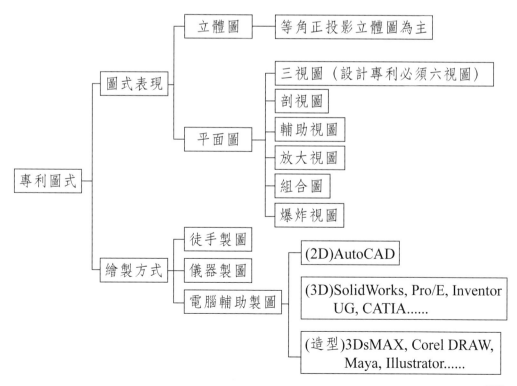

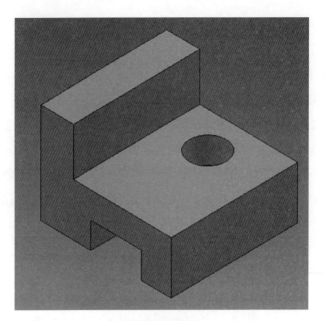

等角立體圖

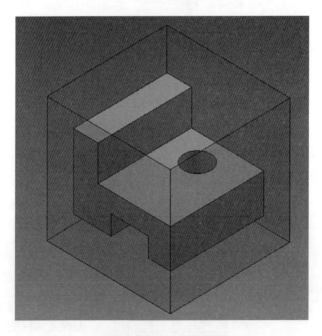

物品在空間之六個投影面

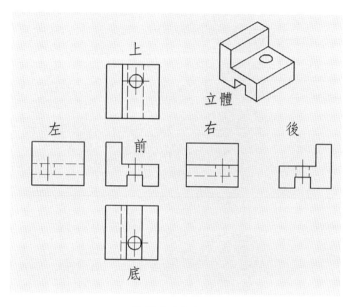

物品之六個視圖

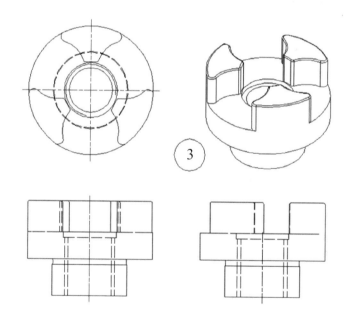

編號3零件（驅動軸）之三視圖（前、上、右視圖）及等角立體圖

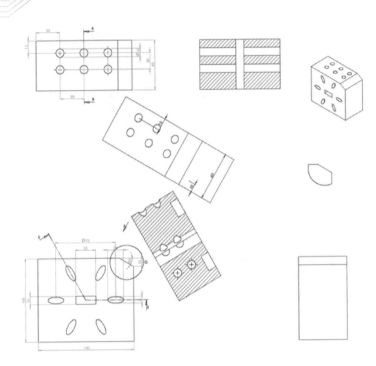

物品之綜合立體圖、三視圖、剖視圖、輔助視圖、部分放大視圖

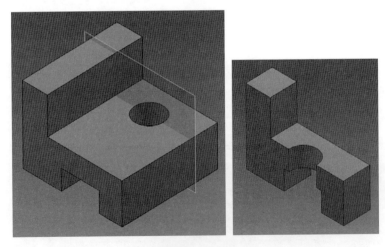

立體圖之剖視圖

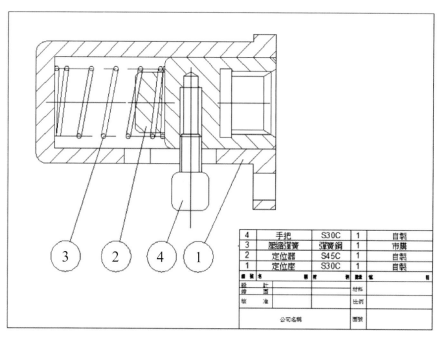

4	手把	S30C	1	自製
3	壓縮彈簧	彈簧鋼	1	市購
2	定位器	S45C	1	自製
1	定位座	S30C	1	自製
件號	品名	材料	數量	備註

設計		材料
繪圖		
核准		比例
公司名稱		圖號

物品之 2D 組合視圖

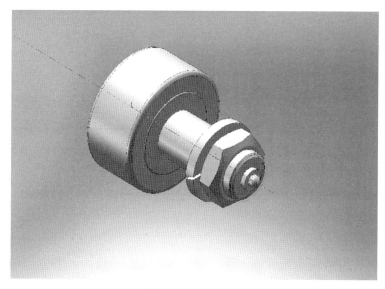

物品之 3D 組合視圖

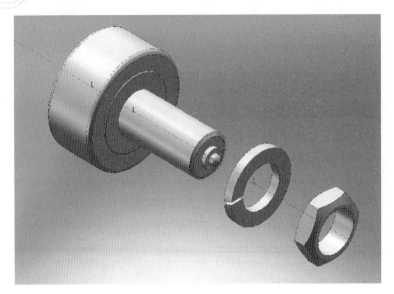

物品之 3D 爆炸視圖

2.10 元件編號的安排

當申請專利時，因為所申請專利標的之技術內容不同，元件編號會有多寡之分，茲以下列之排列為例，各階層所包含的元件數量應由多而漸少：

機器＞機構＞組件（組合件）＞零件

假設申請的是機器，可能涵蓋的階層只到機構，圖式元件編號就較少；但也可能涵蓋的階層是到全部的零件，這時圖式元件編號就相對很多。

餘下的階層，可依此類推。當然這只是一般的推論，也有可能申請的是零件，但零件本身就已涵蓋非常多的成份組成。

原則上，依專利法規定，只要是一個獨立完整的技術內容即可

申請一件專利。此即所謂的「發明單一性」或「專利單一性」，或所謂的「一發明，一專利」。

專利法第 33 條：
「申請發明專利，應就每一發明提出申請。……」

至於說，要以多少的技術內容區分來作爲申請專利之基準，這就必須參酌下述因素加以衡量。

一件含多項技術內容的專利，一旦被舉發成立、撤銷專利，該多項技術內容就可能化爲烏有。所以將所申請專利的獨立技術內容分開規劃，個別申請專利，這樣安排似較有利；同時在專利權保護範圍判定上也較爲明確；但專利申請費用相對較高。建議申請人可在市場獲利風險、專利維護費用兩者上作取捨。

本節主要是討論圖式元件的編排；惟圖式元件編號數量與所申請專利之技術內容有些相關，故一併載錄於上討論。圖式的元件編號，原則上是使用阿拉伯數字作爲編排基準，專利構造越複雜、元件越多，圖式的元件編號安排就要稍費心機。比照「國際專利分類」的編排原則，圖式的元件編號同樣可利用不同的階層結構作細分。

設只含一階（層）元件的編號稱爲一階編號，含二階元件的編號稱爲二階編號；餘依此類推。原則上，專利構造越複雜，圖式元件編號的階層數越多。

茲提供一些原則，供作圖式元件編號上之參考。

圖式中之元件符號編排原則：

（一）一階編號：元件之編號直接以 1、2……編號。

（二）二階編號：上層編號元件數量盡量少於十個，下層編號元件數量盡量少於九十個，元件之編號爲上層編號元件爲 1～9，下層編號元件爲 10～19、……、90～99。

（三）三階編號：假設一個專利可區分為：

‧上層元件之編號為 1、2……9。

（共有九個，故上層元件不要分超過九個）

‧下層元件之編號為 10～19、20～29、……、90～99。

（即每個上層元件下可有十個下層元件，總共可有九十個下層元件）

‧再下層元件之編號為 100～109、110～119、……、900～999。

（即每個下層元件下可有十個再下層元件，總共可有九百個再下層元件）。

（四）更多階編號：可利用英文大寫字母、橫線、圓點等方式，依此類推附加，故應當有足夠多的元件符號可供運用：如 1A、2A、……、1B、2B…… 或 1a、2a、……、1b、2b…… 或 1-1、2-1、…… 或 1.1、2.1、…… 等依此類推附加。

以上所述者，僅屬專利圖式元件符號編排之概略原則，申請人不必一成不變地如法炮製。總之，運用之妙存乎一心，只要能將圖式元件符號有系統地編列，不致造成過於紊亂、漫無章法，應當都屬可行。

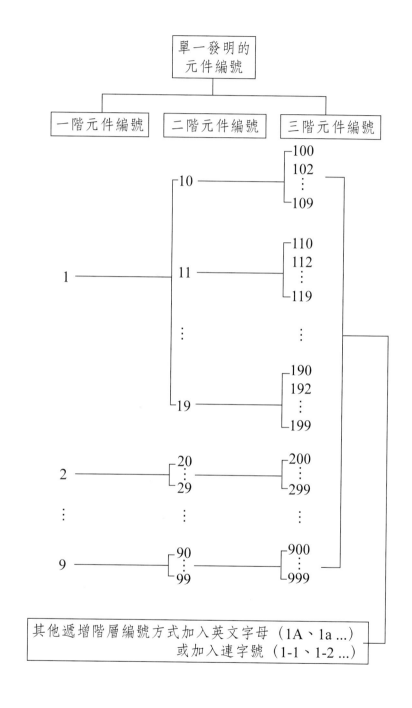

2.11 英文專利文獻

　　雖然我們係使用中文的國家，但有時難免會涉及到其他外文之專利文獻，特別是英文方面。有關英文專利文獻內容、格式，其型式與我國專利說明書內容、格式相差不遠，其實這也是每個國家專利說明書的撰寫趨勢。

　　如前所述，專利申請書內容、格式往往會隨時代需求而做調整，每個國家均如此。故申請專利時，應以該國專利專責機關公告者為主。茲將一般英文專利文獻常見之撰寫型式、術語等，依序摘錄如下，俾供閱讀或撰寫英文專利說明書時之參考。

2.11① 程序格式部分

　　1.Patent No.：專利號，美國專利局核准專利時給予專利文件的順序編號。

　　2.Inventors：發明人。

　　3.Assignee：受讓人。

　　4.Appl. No.：申請號，美國專利局在形式審查專利時，依申請人提出申請時間先後給予專利申請案的順序編號。

　　5.Filed：申請日期。

　　6.Prior Publication Data：早期公開資料。

　　7.Foreign Application Priority Data：國外（美國以外）早期公開資料。

　　8.Int. Cl.：國際專利分類。

　　9.U.S. Cl.：美國專利分類。

　　10.References Cited：引證資料（通常為專利前案）。

　　11.Examiner：審查官。

　　12.ABSTRACT：摘要。

　　13.Claims,Drawing Figures：申請專利範圍項數，圖式數目。

2.11② 說明書部分

1. 發明名稱：直接以英文大寫粗黑字體書寫，例如：LIGHT EMITTED DIODE。

2. BACKGROUND（或 BACKGROUND OF THE INVENTION）：創作之背景。

此部分可再分爲兩項內容：

(1) FIELD OF THE INVENTION（或 TECHNICAL FIELD）：發明所屬之技術領域。

(2) DESCRIPTION OF THE PRIOR ART（或 BACKGROUND ART）：先前技術。

3. SUMMARY OF THE INVENTION（或 SUMMARY, DISCLOSURE OF INVENTION 等）：發明內容。

4. BRIEF DESCRIPTION OF THE DRAWINGS：圖式簡單說明。

5. DETAILED DESCRIPTION（或 DESCRIPTION OF THE EXEMPLARY EMBODIMENTS, MODES FOR CARRYING OUT THE INVENTION, DETAILED DESCRIPTION OF THE INVENTION, DETAILED DESCRIPTION OF THE PREFERRRED EMBODIMENT 等）：實施例。

5-1. What is claimed is（或 I claim）：申請專利範圍
1.……
2.……

有關英文專利文獻，可自行參閱附錄之美國第 6819752 號專利案節本。

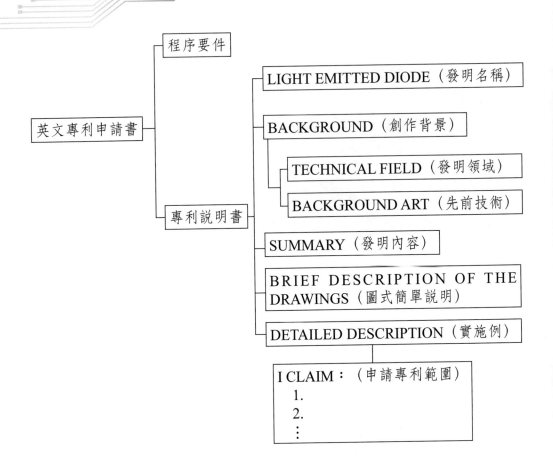

2.12 專利救濟、舉發

2.12 ① 行政救濟

專利之救濟係指行政救濟，為專利申請人在申請專利的過程中，如果是因行政機關有瑕疵之行為（違法或不當），導致侵害到申請人的權益或公益時，在依法行政之原則下，所提供給予申請人在行政體系之內或行政體系之外的保護。

目前我國專利制度運作上，有關發明、新型及設計專利在專利審查上之整個行政救濟的流程，大致上是：

1. 發明、設計專利

申請→程序審查→初審→再審查→訴願→行政訴訟第一審→政訴訟上訴審。

2. 新型專利

申請→程序審查→形式審查→訴願→行政訴訟第一審→政訴訟上訴審。

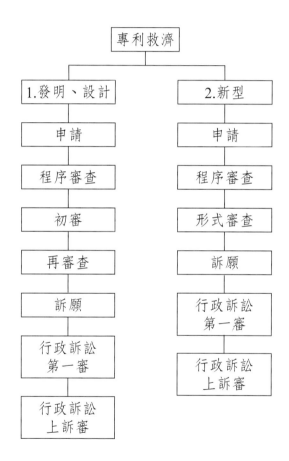

上述之行政救濟制度都有一定的程序規定、格式文件等，建議除非是專利申請人已具備豐富的相關專利業務經驗外，為免影響申請人權益，申請專利救濟時可委任代理人辦理。

專利專責機關即智慧財產局在近代民主浪潮之薰染下，目前亦另有實施一些便民政策，例如「審查意見通知函」等，以減低審查爭議之制度。專利申請人應善加利用此等措施，俾可避免在行政機關作出處分後，才要再另行採用其他行政救濟手段來挽救自己的權益。其他的便民政策還有像是：發明專利加速審查申請、專利案面詢作業、專利案勘驗作業等。

2.12②專利權之舉發

儘管申請人已申請到專利，且獲得專利權。但如果此專利權是違法取得時，任何人都可以向專利專責機關提起舉發，使違法之專利權得以撤銷，以維護專利制度之公平運作，保障社會大眾之合法權益。當專利權被撤銷時，該專利權將視為自始不存在。

當然專利權本來就是一場攻防的戰爭，當任何人因他人取得專利而影響到本身的權益，就可能對他人的專利提起舉發。同樣地，任何人也可能因本身取得專利而影響到他人的權益，使他人對本身的專利提起舉發。

如果是要對他人的專利提起舉發，本身（攻方）就要撰寫專利舉發申請書，以將他人的專利撤銷。如果是他人要對本身的專利提起舉發，本身（防方）就要撰寫專利舉發答辯書，以捍衛自己的權利。兩種文件的主要格式內容載述如下，較詳細內容可參考附錄部分。

1. 專利舉發申請書

一、被舉發專利權號數：第○○號專利權（專利申請案號：第
　　○○號）被舉發案名稱：○○

二、被舉發人姓名：○○（ID：○○）、住址、代表人、專利
　　代理人○○、住址○○等

三、舉發人姓名：○○、住址：○○等

　　代理人姓名：○○、住址：○○等

四、附送書件：

　　列出舉發相關書件○○等。

五、舉發事由：

　　請求

　　（第○○號專利權應撤銷其專利權。）

　　事實

　　　　（敘明被舉發專利案違法的情事），例如：第○○○
　　號專利權（專利申請案號：第○○○號，下稱系爭專
　　利，……有違反專利法第二十二條第一項第一款……規
　　定之情事，爰檢附舉發理由及證據對之提出舉發。

　　理由

　　（依序就所主張被舉發專利案違反專利法各條款的情事分
　　別敘明）

　　（一）、

　　（二）、

　　……

　　謹呈

經濟部智慧財產局　　　公鑑

舉發人：○○

代理人：○○

中華民國○年○月○日

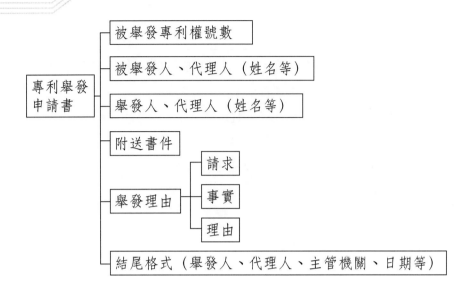

2. 專利舉發答辯書

一、被舉發專利權號數：第○○號專利權（專利申請案號：第
　　○○號）被舉發案名稱：○○

二、被舉發人姓名：○○（ID：○○）、住址、代表人、專利
　　代理人姓名：○○、住址○○等

三、舉發人姓名：○○、住址：○○等
　　代理人姓名：○○、住址：○○等

四、答辯理由：
　　（依序就舉發人所主張被舉發專利案違反專利法各條款的
　　情事分別答辯）
　　（一）、
　　（二）、
　　……
　　謹呈

經濟部智慧財產局　　　公鑑
被舉發人：○○
代理人：○○
中華民國○年○月○日

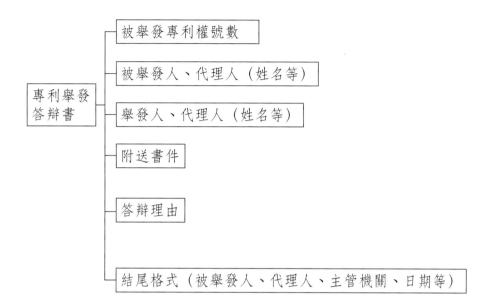

2.13 專利侵權之鑑定

專利所含蓋的專利權權限範圍,主要是依照該專利申請專利範圍所定義之技術內容。如果他人未經其同意而製造、為販賣之要約、販賣、使用此等技術內容,便是專利侵權。

2.13①對於申請專利範圍之解釋認定

1. 中心限定主義

所謂「中心限定主義」,係以申請專利範圍為中心,允許申請專利範圍有一定程度之擴張空間。

2. 周邊限定主義

所謂「周邊限定主義」,乃認為專利權之範圍已被限定於申請專利範圍之文字記載中,不能任意作擴張解釋。

3. 折衷式之主題內容限定主義

專利權之範圍係由申請專利範圍之記載內容來確定,而在記載內容尚有疑慮時,則依申請專利之說明及圖式作解釋,我國係採用此種解釋主義。

2.13② 專利侵權之鑑定

所謂之「鑑定」,主要是指在訴訟程序中,由具備特別專門知識技術之第三者,就某一具體之事項,陳述他的判斷,或對該事項之意見。法院在審判專利侵權的事項時,法官可以依職權或當事人之聲請,選任鑑定人,由鑑定人依其專業之知識經驗提出對該爭執事項的判斷或意見,以作為審判上之參考。

主要相關之鑑定理論有:

1. 全要件原則(All-element rule)或全限制原則(All-limitations rule)

「全要件原則」乃先分析專利權之申請專利範圍(Claims)之所有構成元件(Element),以及被鑑定物相對之所有構成元件,兩者逐一加以比對,如果是相同,被鑑定物即構成字義侵權(Literal infrigement)或讀進(Read on)。

2. 逆均等理論(Reverse doctrine of equivalents)

「逆均等理論」乃被鑑定物之每一構成元件,雖均被含蓋入專利權之申請專利範圍之內;但被鑑定物實質上是利用不同之技術內容去達到與專利權同一之功能,被鑑定物即適用逆均等理論。被鑑定物就不構成專利侵權。

3. 均等理論(Doctrine of equivalents)

「均等理論」乃被鑑定物依全要件原則判斷後,雖然被鑑定物之每一構成元件,未全被涵蓋入專利權之申請專利範圍之內,不構

成字義侵權；但被鑑定物實質上卻是利用同一之技術內容去達到與專利權相同之功能，被鑑定物即適用均等理論。被鑑定物便構成專利侵權。

4. 禁反言原則（Estoppel）

「禁反言原則」即誠信原則。係指專利權人在申請專利過程時之任何階段或文件中，對於已明確表示放棄之某些權利，等到取得專利權後，遇有專利權之爭執時，專利權人就不得再重行主張該等已放棄之權利。

有關專利之侵權判定步驟，一般而言，先以折衷式之主題內容限定主義解釋申請專利範圍，找出專利必要實施的元件。接著首先判定被鑑定物是否適用全要件原則，再判定被鑑定物是否適用逆均等理論或均等理論，再判定專利案是否有適用（違反）禁反言原則之情事。

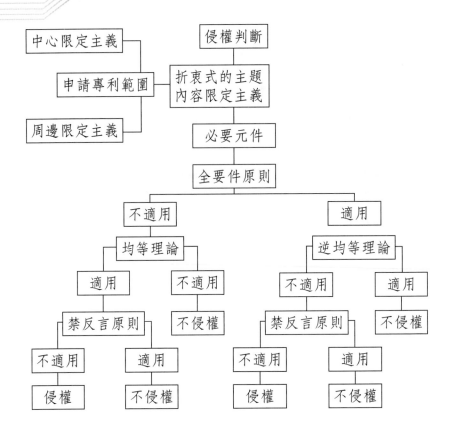

2.14 侵權訴訟之因應

　　如前所述，專利權本來就是一場攻防的戰爭，專利權人藉司法制度，依法對專利侵權者提出訴訟，以捍衛維護自己的權益。從另一方面來說，任何人如果萬一與他人有專利侵權糾紛時，亦應勿須驚慌，本著理性態度，按部就班地採取適當步驟因應，才能為自己爭取到最大權益。

　　茲就從攻防雙方角度，簡單說明因應步驟供作參考。

2.14① 攻方

1. 蒐集相關證據

蒐集廣告型錄、收據或發票等以作爲將來侵權訴訟之舉證依據。

2. 申請「侵害鑑定報告」證明

法官認定是否有侵權事實,「侵害鑑定報告」內容往往有重要之參考價值。相關的專利侵害鑑定專業機構,可上經濟部智慧財產局之網址查詢。

3. 發出法律性質函件

在眞正提起侵權訴訟前,可向侵權者發出「請求排除侵害之書面通知」。若條件情況許可,可逕與侵權者進行和解,不建議逕訴諸於訴訟官司。

4. 提起侵權訴訟

和解不成,當然應提起侵權訴訟,交由法院做公正判定。

相關司法單位爲:

智慧財產法院(Intellectual Property Court)

院址:新北市板橋區縣民大道 2 段 7 號 3 樓

網址:http://ipe.judicial.gov.tw/

電話:(02)22726696

2.14② 防方

1. 攻方是否適格

主張專利權之主體必須爲專利權人或專屬被授權人。

2. 專利物品是否有專利標示

攻方要有告示的責任。

3. 專利申請日期是否早於防方產品生產日期

攻方之專利申請日期晚於防方產品生產日期，攻方之專利權效力就不及於自己產品。甚而，防方可準備相關明確證據，對攻方之專利提出舉發，將攻方之專利權撤銷。

4. 攻方是否在專利申請日期之前已將產品上市

在產品上市後才申請專利，該專利已不合專利要件。

5. 防方產品是以否屬於專利權效力排除條款者

共有 4 款為發明專利權效力所不及者，防方應詳加仔細檢視核對，避免無端遭受波及。

6. 攻方之專利權是否依舊有效

攻方之專利權，可能被舉發撤銷或已失效等。

7. 新型專利權必須提示新型專利技術報告

新型專利行使新型專利權（M 字開頭之專利證書號數）時，應提示新型專利技術報告進行警告。

8. 攻方之專利權是否有違法情事

專利權如有違背專利法之情事，應即時提出舉發反擊。

9. 研判申請專利範圍

10. 進行和解

如果真有侵害攻方之專利權，當然應盡快和解，賠償攻方應有之損失。

茲提供一有關專利權之法院判決，以供讀者參考，請參閱本書附錄部分。

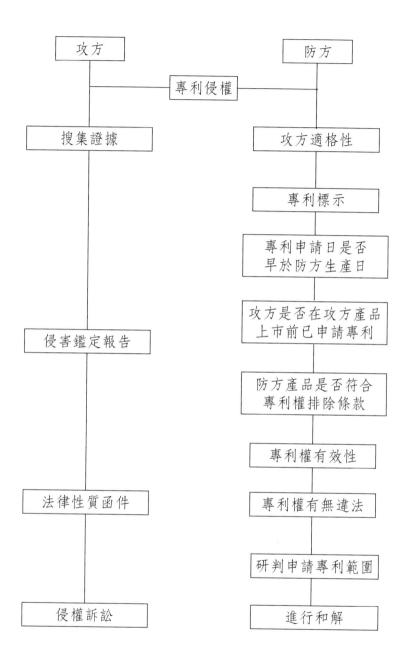

2.15 專利的創意

　　一般說來，要產生一個新專利產品，往往都來自於創意靈感。它可能是一個新的觀念、想法、方案或裝置等，創意靈感有時是個很難捉摸的東西，就如同第一章中所介紹的，關於產生發明創新的動力起因，並沒有絕對的因素。

　　創意靈感可能來自偶發，或許沒有絕對的方法可以直接產生創意靈感；但我們希望除了正面（垂直）的思考方式外，也許有些方法可以增加促進我們產生發明的創意靈感。一般說來，有三種可行的建議方法：

1. 正面思考法（Vertical thinking）

　　正面思考法即我視故我思，問題到哪裡，就想到哪裡，這也是一般人在面臨思考時，所採取的最直接的方式。事實上，正面對決並沒有什麼不好；如果方法對了，而且又是自己擅長的領域，是可以長驅直入、馬到成功的。

2. 側面思考法（Lateral thinking）

　　側面思考法是由一位英國的醫生德包諾（DeBono）所倡導。側面思考法的意思就是到處迂迴側擊，既然正面攻擊不成，就盡量從旁門左道尋求解決問題的主意方法。側面思考法並不同於正面思考法，正面思考法好比挖深洞，一次只挖一個洞，越挖越深。側面思考法則是不放棄機會，到處挖洞，看能否因此找到自己所需要的寶庫。

3. 腦力激盪法（Brainstorming）

　　腦力激盪法是美國一家廣告公司的老板奧斯本（Osborn）所發明。腦力激盪法是採用一種集思廣益的方式，這個方法限制一組人員在一定時間內，大量產生與問題有關的主意；再從各式各樣的主意中，挑選出最為適用者，所謂「集思廣益」、「三個臭皮匠，

勝過一個諸葛亮」即是。

可以看得出來，上述三種方法中，正面、側面思考法較適用於個人，腦力激盪法較適用於眾人。

創意靈感發生後，到整個過程結束，往往有其循序漸進之邏輯過程，稱此為創意過程（Creative Process）。在創意過程中，可能包括以下四個時期；當然，此並非為一成不變之必然過程。

1. 準備期（Preparation phase）

首先產生的是動機，有了動機後，我們必須明確地定義問題，於是就開始蒐集有關解決問題的資料（例如：專利、教科書、期刊……）。

2. 醞釀期（Incubation phase）

醞釀期中，我們必須評估資料，確定蒐集來的資料是否合乎所用，從有用的資料中找出解決問題的方案，醞釀期可說是創意成敗的心靈關鍵期。

3. 豁朗期（Illumination phase）

在不斷地努力尋求問題過程中，也許會不斷地遭遇到挫折。相信只要不怕失敗，所謂「窮則變，變則通」、「山窮水盡疑無路，柳暗花明又一村」，總會突然茅塞頓開，瞬間領悟出解決問題的方法。

4. 執行期（Execution phase）

將前些時期產生之片段解決方案，綜合起來分析整合，成為最終解決問題的最佳方案。透過驗證程序，以確定自己的創意是否具有所要達成的價值。

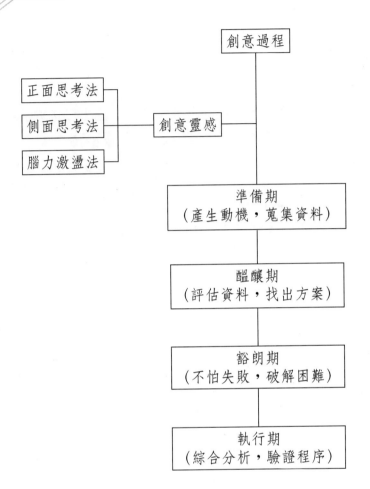

2.16 專利市場化

　　一個新專利產品的問世,從最初的創意開始,到成功的獲利,期間的過程因創作者背景不同或有差異。一般而言,在業界來說,約略會經過七個階段。

2.16①　創意過程

如上所述。

2.16②　系統整合

此階段的工作，主要包括產品的初步架構，產品在系統的功能、規格及組合的初步程序流程圖。此時創作者會漸感受到一些限制，經由透過預算、上司、客戶……層層關卡過濾，產品概念面臨選擇、衝突、協調等限制。

這個階段，我們大致可以用下列的流程來表示：

設計→調整→妥協→適應→設計→調整→妥協→適應→……

這個循環階段結束，當然是盡量使設計產品能盡量滿足所有限制條件的邊際值。

2.16③　市場評估

我們可以透過訪問、調查等方式手段，統計歸納出產品在市場上的潛力。有關發明品的接受性程度，大致可歸納出幾項對於發明品的評鑑項目，茲列出如下以作為發明產品是否推出之決策參考。

1. 社會因素：包括合法、安全、社會利益等項目。
2. 商業冒險因素：包括技術的可行性、功能、生產、投資費用等項目。
3. 需要分析因素：包括市場大小、需求的趨勢、需求的穩定性等項目。
4. 市場接受因素：包括可靠性、可見度、推銷、分銷網、售後服務等項目。
5. 競爭性：包括競爭上的優點、現有的對手、潛在的新對手、專利保護等項目。

2.16④ 細部設計

此階段的工作,包括設計繪製產品所有零件的形狀、材料及相容性,可採購的市售標準規格零件,並設計相關之治具、模具,及進行製造、組合之細部程序規劃。

擔任此項工作的工程師,大多是處於「限制之下的」工作。至少從此階段的工作開始,必須交由專業之技術人士擔任。

2.16⑤ 測試修正

任何剛製造完成的產品原型,少有不需要修正或不發生缺點的。產品原型應該以消費者的通常使用環境下測試。同時,對於產品製造、組合過程之可靠性,必須要達到嚴格的品質水準。

2.16⑥ 生產預試

修正完測試時所發生的缺點後,可以逐漸地生產預試,並持續進行移轉到正式生產。生產預試的產品,應優先提供給消費者使用,確定沒有問題後,產品便可正式推出,廣泛地在各地銷售。

2.16⑦ 市場營運

估計發明之成本負擔及回收利潤,定出市場化價格,再與市場需求可行性交互審慎考量,最後決定是否將發明付諸予實施。一旦決定實施,就要進行市場營運。進行市場營運時,我們要對產品的生命週期有進一步認識,以供作營運上之參考。

一般可把產品的生命週期分為四個程序期間發展,它們分別是:

1. 功能性(Functionality)。
2. 可靠性(Reliability)。
3. 便利性(Convience)。
4. 價格(Price)。

　　當一開始沒有相同功能的產品出現於市場時,功能性便是唯一的選擇;尤其是專利獨占期間越長,本期間也越長。當有兩項以上相同功能的產品可滿足市場需求時,市場就開始以可靠性作為主要考量因素。可是當有兩項以上的產品可滿足可靠性需求時,市場就開始會轉向便利性。最後當多數的產品皆可滿足市場的便利性需求時,市場競爭的基礎焦點就會落在價格上。

　　經過審慎考量,一旦決定實施推出發明品,就要進行市場行銷。市場行銷的具體明確作為,可簡要的歸納下列的四個要點:

　　1. 何時推出新產品?

　　2. 以什麼通路推出新產品?

　　3. 向誰推出新產品?

　　4. 如何推出新產品?

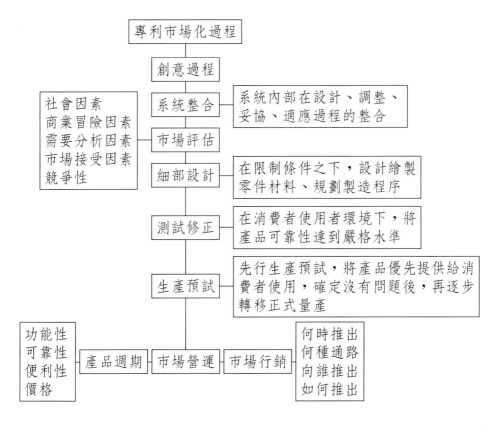

 練習題

1. 專利與營業秘密各根據什麼法律？兩者主要有何不同？

2. 試說明我國三種專利的名稱、定義及專利權期限。

3. 國際專利分類共分為幾個階層？能否舉例說明。

4. 專利法第 22 條第 3 項第 3 款指的是什麼內容？

5. 專利有那三要件？主要定義為何？

6. 中文發明專利申請書主要可分為幾個部分？

7. 假如所申請專利為機車把手，申請專利範圍包含 3 項獨立項、5 項附屬項（其中有 1 項為多項附屬項），即共 8 項請求項。以英文字母為假設元件特徵，試將此申請專利範圍寫出。

8. 專利圖式可用哪兩種表現方式？另試舉出三種常用的電腦繪圖軟體名稱。

9. 假如所申請專利包含三個一階元件，每個一階元件包含二到五個二階元件，每個二階元件包含三到五個三階元件，試將其原件編號列出。

10. 試寫出英文發明專利說明書主要部分的英文及中文對照。

11. 試寫出發明專利的行政救濟步驟。

12. 試寫出專利舉發申請書的主要格式部分。

13. 試說明申請專利範圍的三種主義。

14. 試說明四種專利侵權鑑定理論。

15. 請列出專利侵權判斷步驟的流程圖。

16. 甲專利權之申請專利範圍包含：A＋B＋C＋D構成，

甲專利權之申請專利說明已載明，D 元件可採 E 元件方式實施。乙被鑑定物包含：A＋B＋C＋E。試問乙被鑑定物有無構成侵權？

17.在專利侵權訴訟中，專利權人（攻方）之因應步驟為何？

18.在專利侵權訴訟中，涉及侵權人（防方）之因應步驟為何？

19.在專利產品的創意過程中，包括哪些時期？

20.專利產品從創意到市場化，包括幾個階段過程？

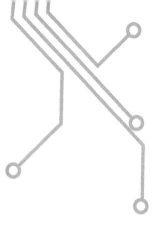

第三章

電腦繪圖應用

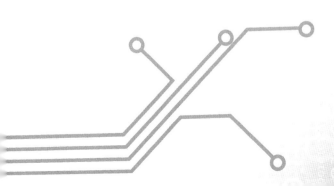

　　本章主要爲提供一般從事電腦設計繪圖，擔任研發工作人員的應用，讓研發人員了解如何將發明創意，藉由在電腦設計繪圖過程，與前述之相關專利概念結合，以發揮兩者相乘效果。由於著者背景，電腦繪圖軟體將以 Inventor 爲主（讀者如有興趣學習 Inventor，請參閱本人另一著作《Inventor2014 電腦設計繪圖與絕佳設計表現》）。

　　本章專利產品之研發設計案例，主要以製造工程類領域爲主，特別是機械類；但此只是編排上的說明，相信無論是哪個業界領域，只要是從事擔任研發之電腦設計繪圖人員，本著共通的基本原則，均可依此類推，得心應手。

　　至於使用其他電腦繪圖軟體者，雖然操作的界面指令型式或有不同；但如依照本章所敘述程序步驟，仍然可完成繪圖工作，達到學習的目地。如果要於其他電腦繪圖軟體開啓本書光碟片所附圖檔，則在 Inventor 開啓後，以「另存複本」之附檔名爲（.iges）方式另存，即可在其他電腦繪圖軟體開啓利用。

　　爲加強讀者有關實務上專利之研發過程練習，故以較接近業界實品爲例，詳細將其從頭至尾描述載錄，並以眞正製造應用之圖面呈現，使讀者有眞實之親臨感。另一方面，也用作爲產品設計繪圖上之參考。

　　至於案例產品，係假設模擬研發繪圖人員，將發明創新之觀念，透過實務之設計繪圖過程，如何與專利說明書結合，並將其轉化成眞正有用的專利產品。案例產品僅用作編書說明，千萬不可逕加以據爲己用，或作其他用途。

　　本章案例產品之設計繪圖過程內容，有關「相關知識技術」部分，係爲使相關人員在進入創作主題之前，對創作主題所必須了解之相關知識技術，先行有初步的認識。如此一來，在深入創作主題的技術內容後，才能一步到位。所以有關「相關知識技術」部分，係作爲參考研究之用，並非專利說明書所要載述內容，這只是本章

編排之方式，在此先予指明。

　　至於本章中相關專利說明書部分，主要均是配合第二章中「專利說明書」之所載內容方式，使兩章相互對應、相輔相乘，以發揮更大效果。當研發人員一方面在設計繪圖過程中，進行技術的探討開發；同時另一方面，也可本著融入專利申請的精神，使研發進階成果與專利說明書內容，兩者達到完全無縫接軌的地步。因此在一件產品開發完成後，等於該產品的專利說明書架構內容，也已經底定完成了。

　　資深的工程師在電腦設計繪圖技巧上，可能都已駕輕就熟；但初學者或許對電腦設計繪圖尚非十分熟稔，因此本章中相關專利說明書部分，有些相關電腦繪圖過程還是會有較詳盡之介紹。惟這些繪圖過程，並非專利說明書所要載述內容，只是提供作為必要之參考，在此也特予指明。

　　至於各人使用的電腦繪圖軟體，如前所述，可能並不相同；但市面上主要的幾種主流軟體，大多有相似的作用功能，或許只是在操作界面方式上有所差別。從事研發繪圖的人員，只要把握相同的原則，稍作調整轉換，當可駕輕就熟，很快地跨入有關發明專利等之智慧財產權有關領域工作。

　　學會本書，即使研發繪圖人員本身並未真正從事相關的專利業務工作；但在與專利專業人員的互動配合上，必然是可以達到合作無間，相得益彰。

3.1　鑿孔工程機

3.1❶　相關知識技術

　　為免一般讀者對所研發創新內容的相關知識不太熟悉，或是學過太久，早已忘懷，以下特再從基本知識部分詳予載述說明，俾讀者能對整個研發創新內容前後貫通，瞭若指掌。本書以下各例均

同，不再贅述。

1. 壓力（Pressure）

鑿孔機常常會使用到液壓缸，液壓缸是液壓技術應用的致動器（Actuator），所謂的致動器，係指可以將液壓能轉變為機械能輸出的器具；而壓力便是液壓缸常使用到的詞彙。

壓力的定義是每單位面積上所承受到的負荷力的大小。

$$P = \frac{F}{A}$$

P：壓力

F：負荷力

A：單位面積

由於在科學界、工程界間，因領域背景各不相同，因此在壓力計算習慣上，往往會使用到不同的單位；且單位有大小之分，所以壓力的單位計算特別繁複，在此要特別提醒。

當負荷力 F 為 1 N（牛頓），單位面積 A 為 1 m^2（平方米）時，

壓力 1 Pa（巴）= 1 N/m^2

1 bar = 10^5 Pa = 10^5 N/m^2 = 10 N/cm^2（cm 為公分）

另，實用上工程界常用的負荷力 F 為 1 kgf（公斤力），1 kgf 有時也常寫作 kp，

1 kp = 9.8 N

壓力 1 at = 1 kp/cm^2

1 bar = (10/9.8) kp/cm^2 = 1.02 kp/cm^2

如果是使用英制的壓力單位，

1 lb（磅）/in²（吋平方）= 1 psi

公英制的壓力換算：

$\because$ 1 kp = 2.2 lb，1 in = 2.54 cm

1 kp/cm² = 14.2 psi

如果以同一單位壓力的大小排列，

1 bar > 1 kp/cm² > 1 psi

2. 油壓缸之繪製與計算

　　油壓缸組合其實包含不少零件，如下圖所示，即為一習用油壓缸的工程圖例。

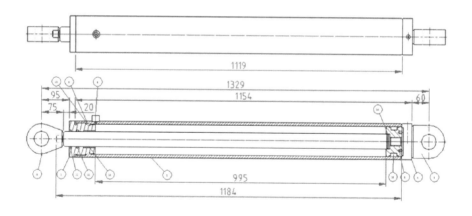

　　為便於繪製及說明，茲將習用鑿孔機的主樑油壓缸尺度簡化繪製如下圖 Inventor 的工程圖檔所示；如此繪製，事實上並不影響實質動作及功效判定。

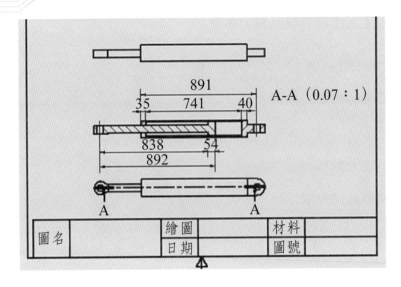

(1)Inventor 工程圖檔之轉檔

　　因一般製造業界主要仍然以使用 AutoCAD 繪圖軟體為主，如果要將 Inventor 的工程圖檔轉化為 AutoCAD 圖檔時，可參考如下步驟。

　　1. 開啓 Inventor 的工程圖檔→  →「另存」→「將複本儲存成」。

出現「另存複本」視窗。

檔案類型選「AutoCAD DWG 檔案（*dwg）」→按「儲存」。

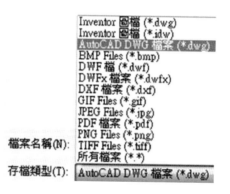

　　2.開啟 AutoCAD →「開啟」 📂→開啟上步驟所儲存之「Au-toCAD DWG 檔案（*dwg）」類型圖檔→便可在 AutoCAD 開啟圖檔。如下圖所示，並可進行編輯標註。

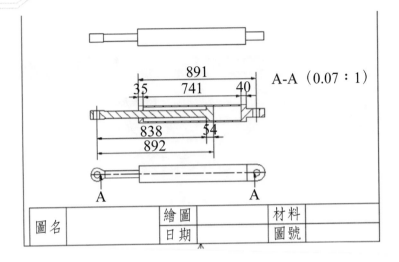

(2) 油壓缸之基本計算

假設一主樑油壓缸之基本尺度如下圖所示。

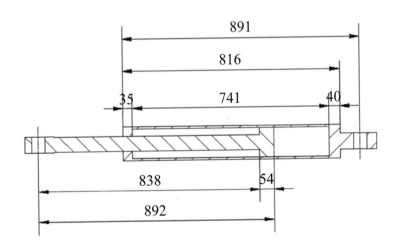

則主樑油壓缸最大伸張尺度為

$(891 - 35) + (892 - 54) = 1694$

主樑油壓缸最小收縮尺度為

891 ＋（892－35－741）＝ 1007

因此，根據上述計算過程，油壓缸尺度可以歸納為：

主樑油壓缸最大伸張尺度＝缸體最大長度（活動端至樞孔距離）－缸體活動端寬度＋缸桿最大長度－缸桿活塞寬度

主樑油壓缸最小收縮尺度＝缸體最大長度－缸體活動端寬度＋缸桿最大長度－缸桿衝程（行程）

如以英文字母作為公式表示，則如下所示：

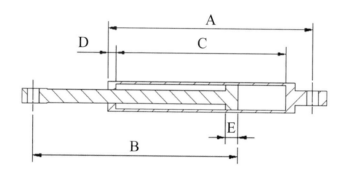

$$L_1 = A + B - D - E$$
$$L_2 = A + B - C - D$$

L_1：油壓缸最大伸張尺度

L_2：油壓缸最小收縮尺度

A：缸體最大長度（活動端至樞孔距離）

B：缸桿最大長度

C：缸桿衝程

D：缸體活動端寬度

E：缸桿活塞寬度

假設一中間樑油壓缸之基本尺度如下圖所示：

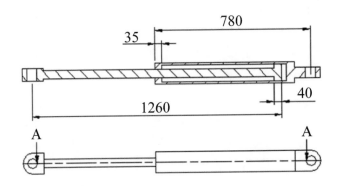

中間樑油壓缸最大伸張尺度，即可直接計算

$$780 + 1260 - 35 - 40 = 1965$$

(3) 油壓缸之動作模擬

當在 Inventor 中模擬鑿孔機相關的機構組成時，有關油壓缸部分，宜分爲缸體與缸桿兩個元件的組合。配合適當約束限制，可以了解相關元件在組合後之動作情形，爲免重覆敘述，詳細步驟安排於下述專利說明書之「實施方式」中再予說明。

3.1 ② 相關專利說明書部分

1. 發明名稱

鑿孔工程機。

2. 技術領域

本發明係有關在土木建築、水利結構等工程上常出現的鑿孔工作，此等工程因爲施工上的需要，往往必須在地層中鑿出數米至數百米的孔洞。

隨著時代的進步，用於鑿孔工作的鑿孔工程機（簡稱鑿孔機），

也要能適應各種作業環境的需求，不斷地創新改進，研發突破，才能在市場上屹立不搖，不為時代所淘汰。

3. 先前技術

習用鑿孔機之立體圖如下圖所示。

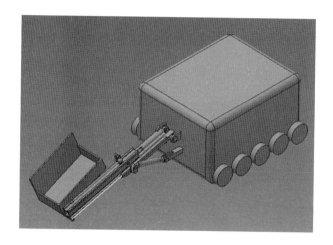

習用鑿孔機的工程圖示如下圖所示。

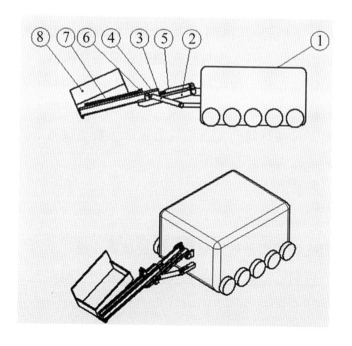

其中件號所代表的意義如下：

· 件號 1：載體，通常為履帶式車體或重輪式車體。

· 件號 2：主樑，用於支撐導引上樑，可在垂直平面上擺動一定角度。

· 件號 3：主樑油壓缸，用於控制主樑在垂直平面上擺動的角度。主樑油壓缸可設置一支或二支，圖示為二支式。在不影響功能說明下，圖形僅顯示一支。

· 件號 4：上樑，受主樑支撐導引，用於帶動驅動頭做直線往復移動。

· 件號 5：上樑油壓缸，用於控制上樑沿上樑直線往復移動之位置。

· 件號 6：驅動頭，用於驅動鑿孔刀具旋轉前進驅動頭可沿上樑做直線往復移動。

· 件號 7：鑿孔刀具，安裝於驅動頭，用於開鑿孔洞。

· 件號 8：工作枱，用於容納工作人員做開鑿孔洞施工。

習用鑿孔機的構造較為簡單，主樑僅能在垂直平面上一定角度範圍內擺動。上樑雖然可受主樑支撐導引做直線往復移動，使前後高低操作範圍延伸；但所能調整範圍還是有相當限制。

工作枱係固定於上樑，故工作枱本身無法做調整。當工作人員做開鑿孔洞施工時，操作並不方便，且有安全上憂慮。因此，習用鑿孔機在面對日益複雜的工作環境需求下，勢必改善既有的缺點，再研發創新，以符合時代潮流。

4. 發明內容

(1) 發明所要解決的問題

習用鑿孔機的構造較為簡單，僅能依靠主樑在垂直平面上一定角度範圍內擺動，上樑所能調整範圍還是有相當限制。

工作枱係固定於上樑，故工作枱本身無法做調整。當工作人員

做開鑿孔洞施工時，操作並不方便，且有安全上憂慮。因此，習用鑿孔機在面對日益複雜的工作環境需求下，勢必改善既有的缺點，再研發創新，以符合時代潮流。

(2) 技術手段

為解決先前技術中既存的問題，本發明創作利用主樑與上樑之間，再加設一中間樑，使得所能鑿孔的行程增加，鑿孔位置可以更遠更高。

本發明創作並設置轉軸頭裝置，利用油壓缸間的調整組合應用，使得上樑及工作枱之角度方位調整，更為靈活彈性。

(3) 增進功效

相對照先前技術已有的功效比較，本發明創作設置中間樑，便可產生行程加大加高的效果，使操作功能擴大，工作範圍更為廣泛。

由於工作人員做開鑿孔洞施工時，操作位置必須穩固，才能提升作業效率；且須注重安全，避免意外發生。本發明創作設置轉軸頭裝置，使操作上更為靈活彈性。如此一來，不僅能提高生產效率，降低加工成本，大大地增加同業間競爭力，也促進產業技術升級發展。

5. 實施方式

如本章起首所言，本章係著重於如何將電腦繪圖與第二章之專利結合，以發揮相乘效果。故本案例之發明創新，特將電腦繪圖的程序步驟，再予詳細介紹。至於爾後之兩案例，就不再特別重複贅述相關之電腦繪圖程序步驟。

茲以繪製本發明創新的大樑油壓缸為例，由於本發明創新在設計研發過程中，希望能進行相關的模擬測試動作，所以油壓缸不繪製成單一零件，而是繪製成一組合檔，以了解相對零件在作動時的影響與結果。

另如前所述，油壓缸組合其實包含不少零件，如下圖所示之習用油壓缸的工程圖例。

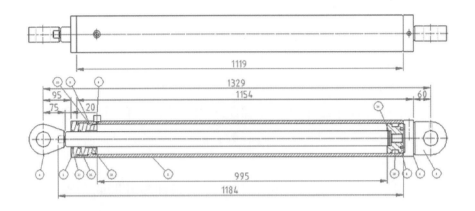

　　惟本發明創新在設計研發時，為爭取時效，且避免不必要之繁複修改，油壓缸可將其簡化成缸體、缸桿兩個零件繪製，雖非完全依照實際油壓缸整體組合零件繪製，但不會影響實質設計研發效果。

　　由於本發明創新之構造遠較習用技術複雜，茲依整體構造組合，依序由下而上。首先，繪製本體部分，本體係屬習用技術，但亦為鑿孔機之基本構造，故本發明創新之本體立體圖，如下所示。

工程圖部份，則如下所示。

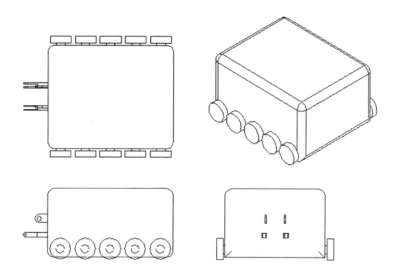

　　接著，就以繪製本發明創新的大樑油壓缸為例，說明繪製設計之步驟方式如下。依此原則，逐步完成本發明創新之所有零件的建構組成。本書以後之章節，請讀者依循類推，相同之繪製原理與步驟方式，均不再贅述。

3.1❸ 由下而上設計方式

　　本設計方式係分別先將缸體、缸桿繪製實體，建立完成個別零件檔後，再建立另一個油壓缸組合檔，一一將缸體、缸桿放置組合完成。

　　1. 開啟 Inventor →新建 1 個組合檔→「放置」 ，建議當

放置油壓缸體時，按右鍵，跳出快速功能表，點選「放置在原點且保持不動」，點選「確定」。

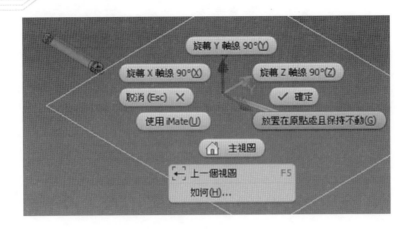

按「Esc」，完成單一元件的放置。當未點選「Esc」前，可連續按滑鼠左鍵重複放置。

2.「放置」油壓缸桿。

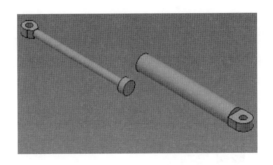

3.點選「約束」 →出現「放置約束」視窗→點選「貼合」。
約束

4. 分別點選缸體與缸桿兩個元件的中心線→點選「確定」。

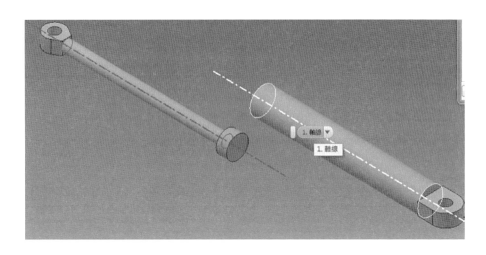

缸桿可沿缸體中心線做往復移動，但缸桿本身仍可自由旋轉。

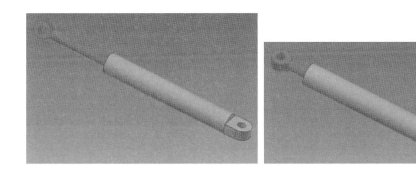

5. 將瀏覽區中缸體與缸桿的歷程樹打開→試點選缸體與缸桿原點的相關基準面→點選「約束」→出現「放置約束」視窗→點選「貼合」→分別點選缸體與缸桿兩個元件的ＸＹ平面→點選「確定」。

　　缸桿可沿缸體中心線做往復移動，但缸桿本身與缸體必須維持一定的方位關係。

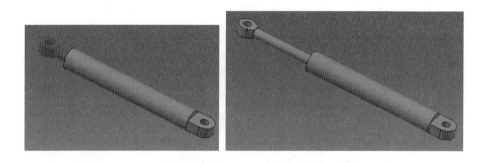

　　6.點選「檢視」→點選「自由度」→點選缸體與缸桿兩個元件，顯示缸體與缸桿兩個元件只維持往復直線移動的自由度關係。

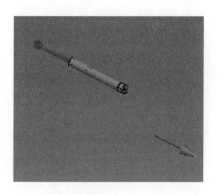

7. 在 Inventor 新建一個 AutoCAD 圖檔

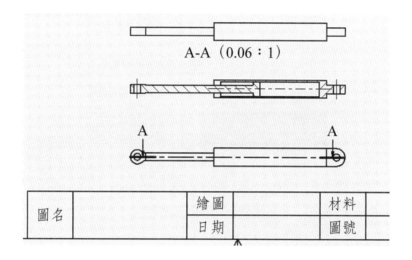

A-A（0.06：1）

　　另存→「將複本儲存成」→出現「另存複本」視窗→檔案類型
選「AutoCAD DWG 檔案（*dwg）」→按「儲存」。

8. 開啟 AutoCAD →開啟大樑油壓缸圖檔，如下圖所示。

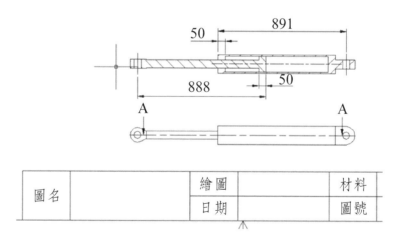

　　下示步驟，亦可在 Inventor 中，以「檢驗」得知缸體前端缸
壁的厚度距離。

9. 回到 Inventor →「檢視」→「半剖面視圖」。

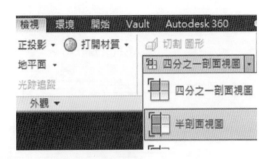

點選瀏覽區中大樑油壓缸組合的原點的 XY 平面→顯示大樑油壓缸組合的原點的 XY 平面的半剖面視圖。

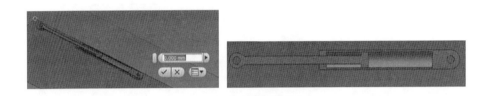

9.「檢驗」→「距離」→點選缸體前端缸壁的兩側面。

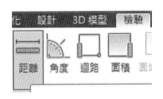

得知缸體前端缸壁的厚度為 50 mm。

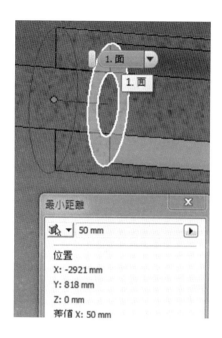

　　如果要使大樑油壓缸組合呈現在最大伸張尺度，亦可如下示步驟進行。

10.「檢視」→「全剖面視圖」。

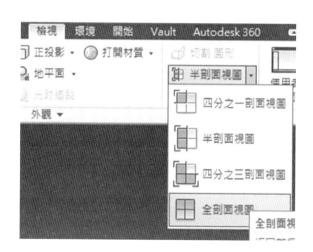

　　大樑油壓缸組合恢復全剖面視圖，此時可將缸桿暫時先行移出缸體，俾利於限制缸體與缸桿的定位關係。

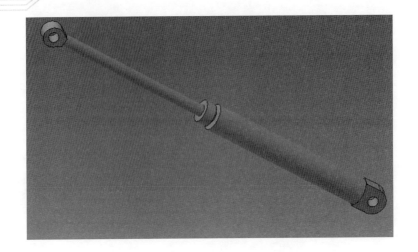

　　點選「組合」頁籤→點選「約束」→出現「放置約束」視窗→
點選「貼合」→分別點選缸體最前端缸壁的側面與缸桿的活塞相對
側面。

　　缸體與缸桿相對關係改變。

「放置約束」視窗內點選「齊平」 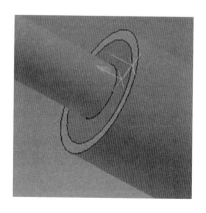→缸體與缸桿相對關係變回。

「放置約束」視窗的「偏移」欄內輸入「50」（mm），如下左圖。

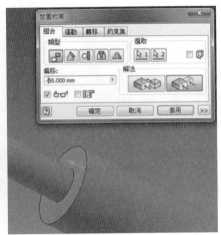

「放置約束」視窗的「偏移」欄內改輸入「−50」(mm)，如上右圖→點選「確定」。

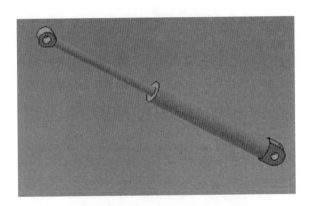

11. 點選「檢視」→點選「自由度」→點選缸體與缸桿兩個元件，顯示缸體與缸桿兩個元件已維持在最大伸張尺度的關係。

3.1④ 由上而下設計方式

本設計方式係假設先將缸體視爲基礎零件，建立完成個別的缸體零件檔後，再建立另一個油壓缸組合檔，接著在油壓缸組合檔中放置入缸體視爲基礎零件，以缸體爲基礎，再建立繪製另一個缸桿

零件檔，並一一將缸體、缸桿組合完成。

　　1. 先建立完成個別的缸體零件檔→其尺度如下所示。

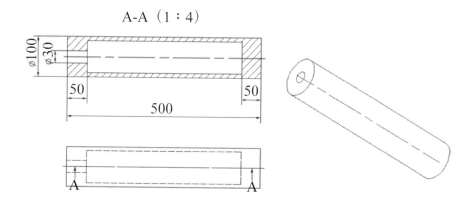

　　2. 建立另一個油壓缸組合檔→放置入缸體視爲基礎零件，以

缸體爲基礎→再建立 　　 繪製另一個缸桿零件檔，以缸體零件的

XY 平面爲繪製工作面→剛建立之缸桿畫面，如下所示。

　　3. 爲使繪製更易於清晰辨別，點選 　　 使相關尺度顯現，

如下所示。

繪製缸桿草圖形狀尺度，如下所示→點選「完成草圖」。

4. 點選 ，如下所示→「確定」。

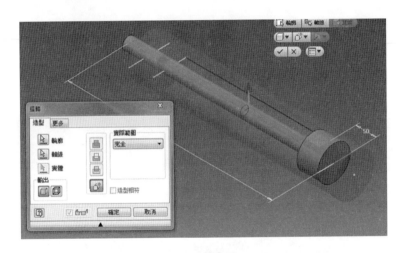

5. 點選 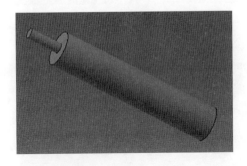，如下所示。

注意

6.左側瀏覽區的「示範缸桿」展開歷程樹中出現「齊平：1」
🔒齊平:1限制符號，這是因為缸桿零件檔係以缸體零件的 XY 平面為
繪製工作面，如下第一圖所示→點選「檢視」頁籤→點選「自由度」
🔒自由度→點選缸體與缸桿兩個元件，顯示缸體與缸桿兩個元件並
無自由度，如下左邊二圖所示。

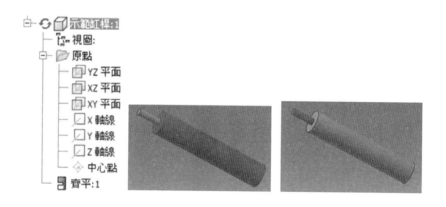

7.左側瀏覽區的「示範缸桿」展開歷程樹中「齊平：1」
🔒齊平:1限制符號按右鍵，點選「刪除」，「示範缸桿」展開歷程樹
中「齊平：1」消失，如下兩圖所示。

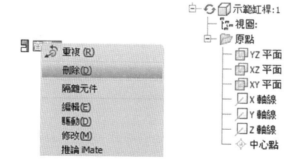

點選「檢視」頁籤→點選「自由度」🔒自由度→點選缸體與缸

桿兩個元件，顯示缸桿元件仍無自由度，無法在缸體作自由伸縮模擬，如下圖所示。

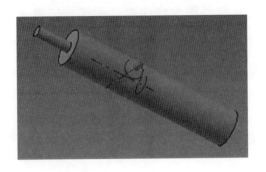

8. 以「由上而下設計方式」繪製時，雖然可利用點選「投影幾何圖形」　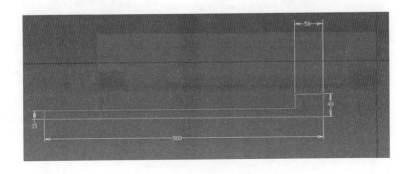　使相關尺度顯現，繪製新建立零件之草圖形

狀尺度；但「投影幾何圖形」會使新建立零件建立後即受到相關之限制約束。

所以新建立零件如果不是固定結合型態者，應避免直接援用已放置零件以「投影幾何圖形」所形成的尺度。

9. 重回上述以「由上而下設計方式」繪製步驟 3 → 不點選

　→繪製缸桿草圖形狀尺度→繪製缸桿草圖形狀尺度，如

下所示。

點選「完成草圖」。

10. 點選 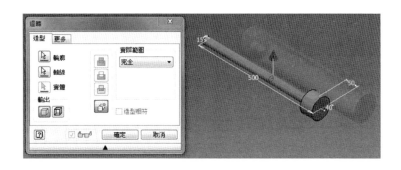，如下所示→「確定」。

11. 點選 ，如下所示。

　　12. 左側瀏覽區的「示範缸桿」展開歷程樹中仍然出現「齊平：1」 限制符號，如前所示，這是因為缸桿零件檔係以缸體零件的 XY 平面為繪製工作面，如下所示。

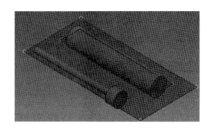

點選「檢視」頁籤→點「自由度」 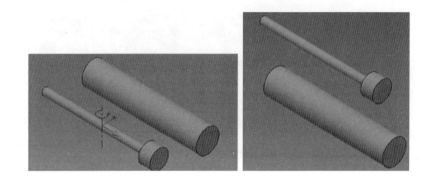 自由度 →點選缸體與缸桿兩個元件,顯示缸桿元件具二自由度,「示範缸桿」可自由移動,不受限制,如下兩圖所示。

13. 點選「組合」頁籤→點選「約束」 約束 →出現「放置約束」視窗→在「類型」欄點選「貼合」 。

點選缸體與缸桿兩個元件的中心線→「確定」。

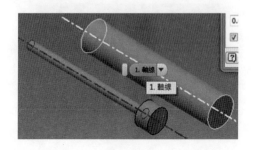

　　顯示缸桿元件只具往復直線運動自由度，可沿缸體與缸桿兩個元件的中心線自由移動，不受限制，如下兩圖所示。

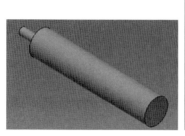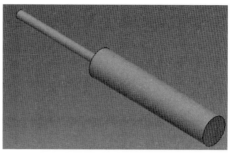

　　14. 如果要使油壓缸約束限制在最大伸張位置→點選「組合」頁籤→點選「約束」　_{約束}　→出現「放置約束」視窗→在「類型」欄點選「貼合」　→在「偏移」欄輸入距離「50」mm→點選缸體與缸桿兩個元件相對的貼合面→「確定」。

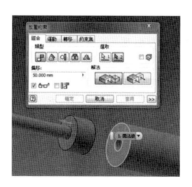

　　顯示缸桿元件在錯誤方向，如下左圖所示→按「退回」→在點選「約束」　_{約束}　→出現「放置約束」視窗→在「類型」欄點選「貼合」　→在「偏移」欄輸入距離「50」mm→在「解法」欄點選

「齊平」，如下右圖所示→點選缸體與缸桿兩個元件相對的貼合面
→「確定」。

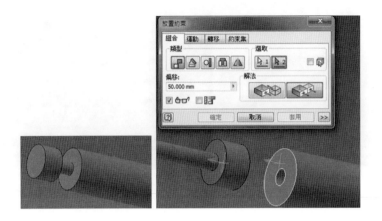

　　顯示缸桿元件已在最大伸張位置，不再具往復直線運動自由
度，如下圖所示。

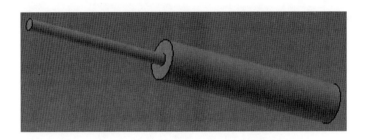

　　15.如果要恢復缸桿元件具往復直線運動自由度，可沿缸體與
缸桿兩個元件的中心線自由移動→左側瀏覽區的「示範缸桿」展開
歷程樹中「齊平：2（50 mm）」限制符號按右鍵，點選「刪除」
→缸桿元件恢復具往復直線運動自由度（箭頭為直線運動自由度符
號）。

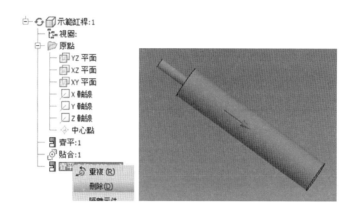

完成本發明創新的大樑油壓缸後，接著設計繪製本發明創新的
大樑。設計繪製完成後之大樑立體圖，如下所示。

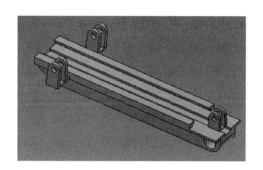

大樑工程圖如下所示。

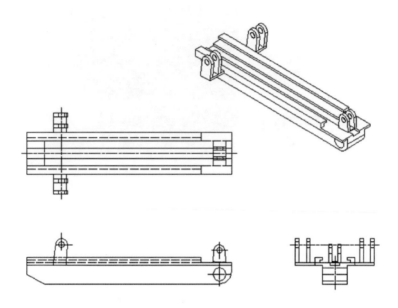

由於習用鑿孔機的構造較為簡單，僅有主樑與上樑作前後高低操作範圍延伸；但所能調整範圍還是有相當限制。

故本發明創新在主樑與上樑之間另加設一中間樑，藉中間樑之設置，利用中間樑與主樑配合，使中間樑可在主樑上往復移動，將行程拉長增高，故鑿孔機在前後高低操作範圍更加大延伸。

因此在完成本發明創新的大樑後，接著設計繪製本發明創新的中間樑。設計繪製完成後之中間樑立體圖，如下所示。

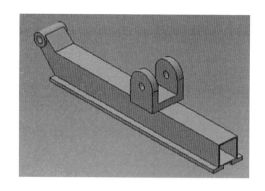

中間樑工程圖如下所示。

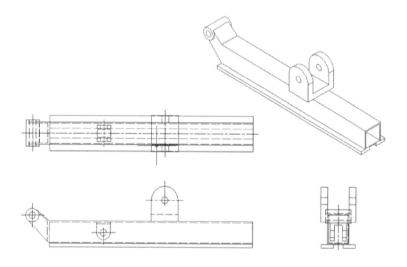

　　由於中間樑係與主樑配合，中間樑必須能在主樑上往復移動，故應再設計一中間樑油壓缸，藉中間油壓缸之設置，來推動中間樑在主樑上往復移動。

　　故完成本發明創新的中間樑後，接著設計繪製本發明創新的中間樑油壓缸。如前所述，中間樑油壓缸可將其簡化成缸體、缸桿兩個零件繪製，以下本發明創新的之各相關油壓缸均依此原則繪製，不再贅述。

　　設計繪製完成後之中間樑油壓缸立體圖，如下所示。

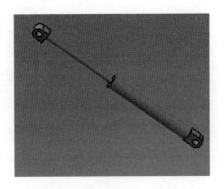

中間樑油壓缸工程圖如下所示。

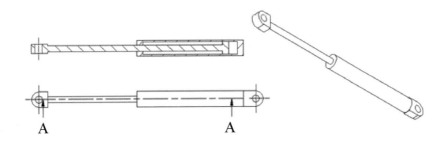

A   A

　　完成本發明創新的中間樑油壓缸後，本發明創新藉由主樑、中間樑及中間油壓缸之組合，已使本發明創新的前後高低操作範圍更加大延伸。

　　接著本發明創新先將大樑、大樑油壓缸、中間樑油壓缸與本體組合（此階段為顯示中間樑油壓缸安裝位置，故中間樑暫未插入，惟中間樑亦可插入組合；因此階段中間樑暫未插入，俟後續之整體組合時，中間樑再插入組合），組合後立體圖，如下所示。

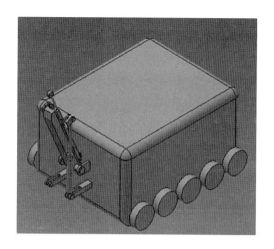

工程圖如下所示。

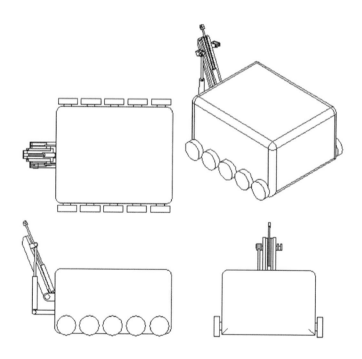

　　如前所述，由於習用鑿孔機的構造較爲簡單，僅有主樑與上樑之配合，所能調整範圍相當受限。另外，工作枱係固定於上樑，故工作枱本身無法做垂直向之角度調整，使工作枱保持與地面平行。

同時，工作枱也無法做水平向之角度調整，使鑿孔機進行側面方向的垂直法線（即與機台呈 90 度方向）的工作。

故當工作人員做開鑿孔洞施工時，操作並不方便，工作範圍受到很多限制且有安全上憂慮。為了改進上述習用鑿孔機的缺點，解決工作上的難題，因此必須設計一個裝置來處理此等癥結。

由於為了達到上述垂直向、水平向之角度調整，本發明創新的裝置必須設置利用能夠善加做垂直向、水平向之角度調整構件（垂直向、水平向之調整油壓缸）；並且可將之組合、運用之構件（轉軸頭），因此本發明創新的裝置會較為複雜。

本發明創新的裝置為了能夠做垂直向之角度調整，故本發明創新首先應設計一轉軸頭 1 構件來達成此項標的。而為了能夠做水平向之調整，轉軸頭 1 可再組合一轉軸頭 2 完成轉軸頭整體組合。

茲接著就設計繪製本發明創新的轉軸頭 1。設計繪製完成後之轉軸頭 1 立體圖，如下所示。

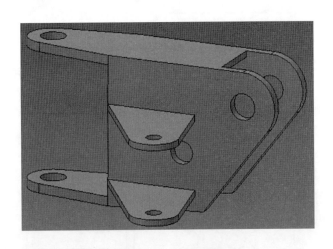

轉軸頭 1 工程圖如下所示。

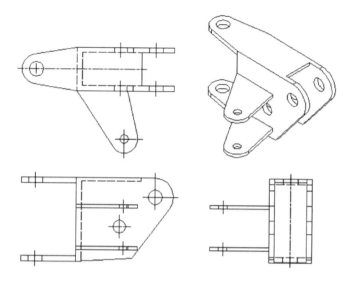

　　完成本發明創新的轉軸頭 1 後，還要再加設一轉軸頭 2，藉兩者之組合，才能達成垂直向、水平向之綜合角度調整。故接著設計繪製本發明創新的轉軸頭 2。設計繪製完成後之轉軸頭 2 立體圖，如下所示。

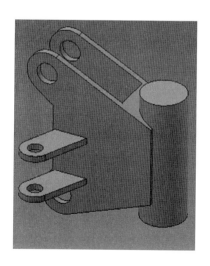

　　轉軸頭 2 工程圖，則如下所示。

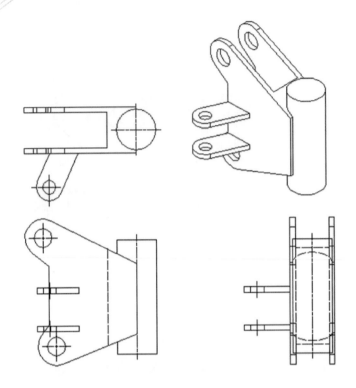

完成本發明創新的轉軸頭 2 後，接著將轉軸頭 1 與轉軸頭 2 組合，完成後之轉軸頭立體圖，如下所示。

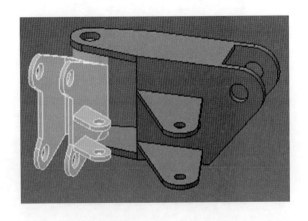

轉軸頭工程圖如下所示。

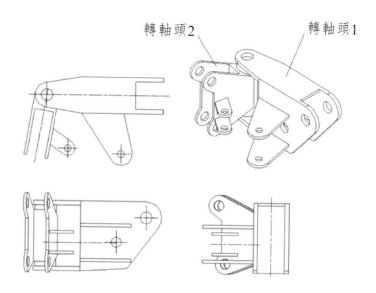

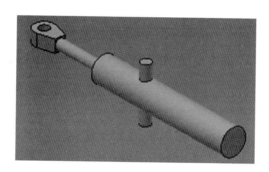

　　完成本發明創新的轉軸頭後，接著設計繪製本發明創新的轉軸頭水平向油壓缸。設計繪製完成後之轉軸頭水平向油壓缸立體圖，如下所示。

　　轉軸頭水平向油壓缸工程圖如下所示。

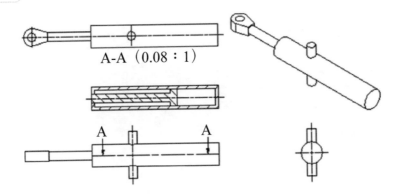

A-A（0.08：1）

完成本發明創新的轉軸頭水平向油壓缸後，接著可將轉軸頭水平向油壓缸與轉軸頭組合，其立體圖如下所示。

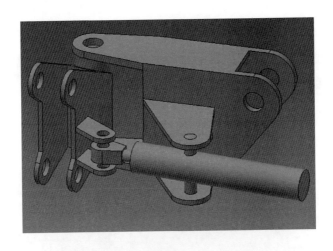

接著設計繪製本發明創新的轉軸頭垂直向油壓缸。設計繪製完成後之轉軸頭垂直向油壓缸立體圖，如下所示。

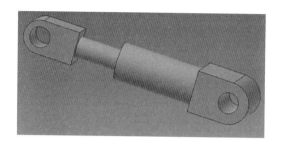

轉軸頭垂直向油壓缸工程圖如下所示。

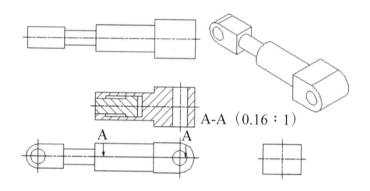

A-A（0.16：1）

　　完成本發明創新的轉軸頭垂直向油壓缸後，接著設計繪製本發明創新的上樑。設計繪製完成後之上樑立體圖，如下所示。

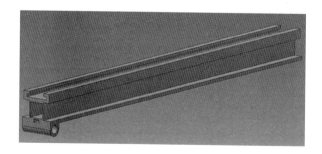

上樑工程圖如下所示。

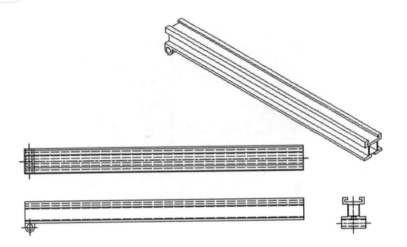

　　完成本發明創新的上樑後，仍須將上樑與轉軸頭組合，以達成上述垂直向、水平向之角度調整，故本發明創新的裝置必須設置一上樑結合座。因本發明創新係將工作枱（下述）固定於上樑，本發明創新設計上樑結合座，將上樑結合於轉軸頭，才能夠使上樑（工作枱）善加做垂直向、水平向之角度調整。

　　故接著設計繪製本發明創新的上樑結合座。設計繪製完成後之上樑結合座立體圖，如下所示。

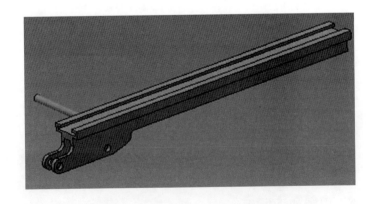

　　上樑結合座工程圖如下所示。

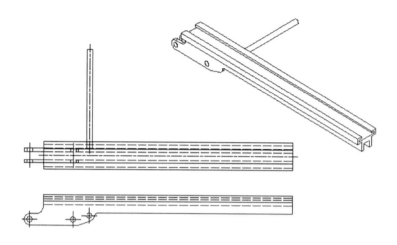

　　完成本發明創新的上樑結合座後，因上樑（工作枱）必須能做
垂直向、水平向之角度調整；而上樑係與上樑結合座組合，並藉一
上樑油壓缸控制做往復移動。由於上樑油壓缸此部分屬習用技術，
故此部分予以省略，不特載列贅述。

　　如上所述，因上樑（工作枱）必須能做垂直向、水平向之角度
調整；而上樑係與上樑結合座組合，故必須設計一上樑結合座垂直
向油壓缸。設計繪製完成後之上樑結合座垂直向油壓缸立體圖，如
下所示。

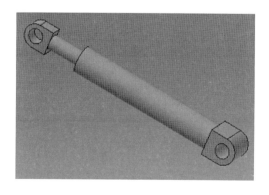

　　上樑結合座垂直向油壓缸工程圖，則如下所示。

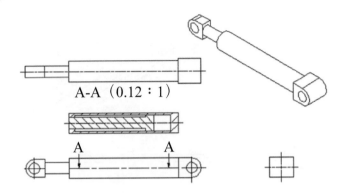

A-A（0.12：1）

　　完成本發明創新的上樑結合座垂直向油壓缸後，因工作枱係固定於上樑，故接著設計繪製本發明創新的工作枱。設計繪製完成後之工作枱立體圖，如下所示。

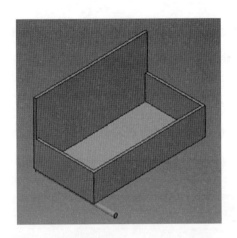

　　工作枱工程圖，則如下所示。

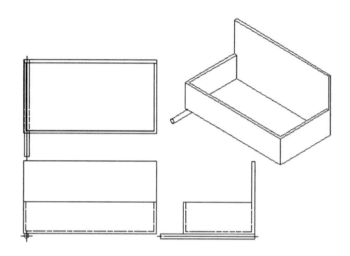

完成本發明創新的工作枱後，如上所述，因工作枱係固定於上樑，上樑係與上樑結合座組合，故本發明創新最後需將工作枱、上樑與上樑結合座再做組合使達成工作枱垂直向、水平向之角度調整。

完成工作枱、上樑與上樑結合座整體組合後的立體圖，如下所示。

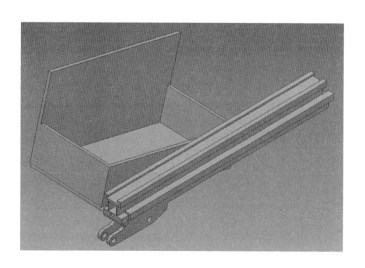

工程圖如下所示。

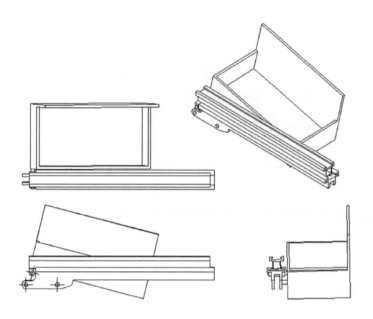

　　完成本發明創新的工作枱、上樑與上樑結合座整體組合後，接著再將工作枱、上樑與上樑結合座整體組合與轉軸頭組合，組合後之立體圖，如下所示。

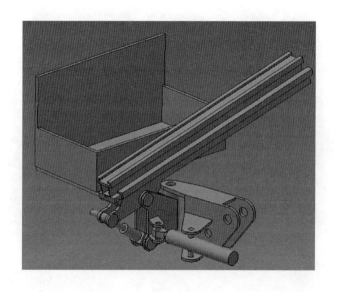

工程圖如下所示。

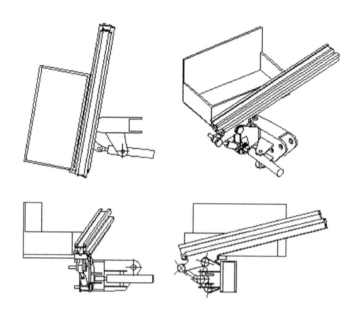

接著設計繪製本發明創新的刀具驅動座。設計繪製完成後之刀具驅動座立體圖，如下所示。

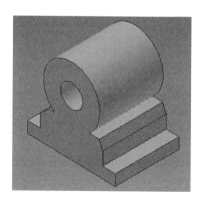

刀具驅動座工程圖如下所示。

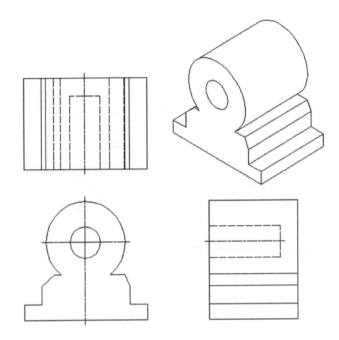

完成本發明創新的刀具驅動座後，接著設計繪製本發明創新的鑿孔刀具。設計繪製完成後之鑿孔刀具，如下所示。

鑿孔刀具工程圖如下所示。

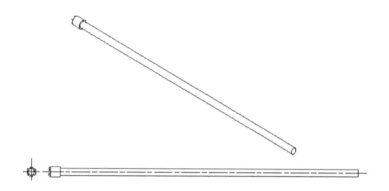

完成刀具驅動座、鑿孔刀具之設計繪製後，最後將刀具驅動座、鑿孔刀具，工作枱、上樑、上樑結合座與轉軸頭之組合、本體組合，及前面步驟未組合的中間樑等，再一併插入作一整體總組合。

完成整體總組合後的本發明創新立體圖，如下所示。

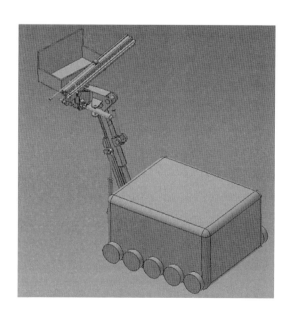

將本發明創新與習用鑿孔機比較如下：

習用鑿孔機在主樑油壓缸伸張至最大尺度時，立體圖、工程圖如下所示。

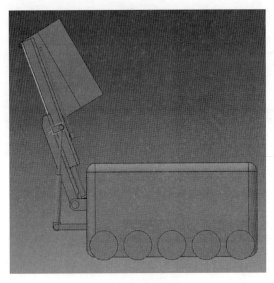

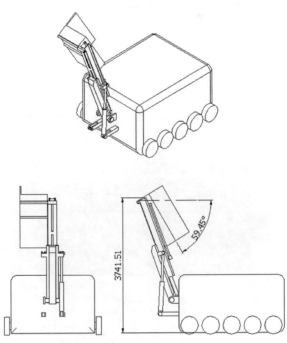

　　雖然習用鑿孔機從載體底面至工作枱最前端的高度有3741.51 mm，但工作枱與水平線之角度達59.45度，習用鑿孔機根本無法在此高度工作。故習用鑿孔機真正從事工作時，並無法達到此高度。

　　故探究習用鑿孔機真正從載體底面至工作枱最前端的高度，必須再將主樑、上樑位置加以調整，調整位置後之習用鑿孔機立體圖、工程圖如下所示。

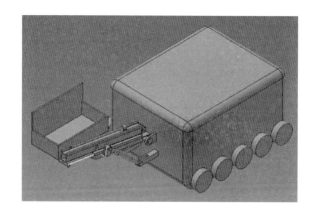

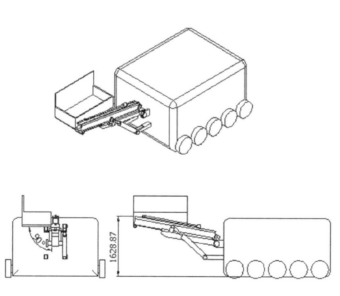

　　從工程圖可看出習用鑿孔機真正從載體底面至工作枱最前端的高度為 1628.87 mm。且工作枱也不能做水平向之角度調整，使鑿孔機進行側面方向的垂直法線（即與機台呈 90 度方向）的工作。

　　反觀本發明創新，如前所述，運用油壓缸的模擬動作，將大樑油壓缸、中間樑油壓缸約束限定在最長伸展位置，以求得本發明創新所能達到的最高工作位置。從載體底面至工作枱最前端的高度為 3784.44 mm，如下之工程圖所示。

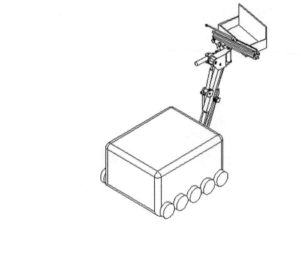

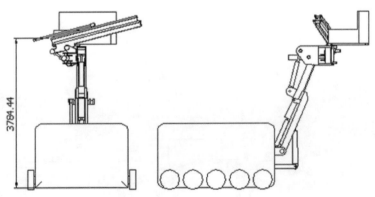

　　本發明創新的高度 3784.44 mm 比起習用鑿孔機的高度

1628.87 mm，

$3784.44 \text{ mm} - 1628.87 \text{ mm} = 2155.57 \text{ mm}$

本發明創新已大大提升了 2155.57mm。

另外，本發明創新的工作枱本身可做垂直向之角度調整，使工作枱保持與地面平行。

同時，工作枱也能做水平向之角度調整，使鑿孔機進行側面方向的垂直法線（即與機台呈 90 度方向）的工作。

本發明創新的工程圖如下所示。

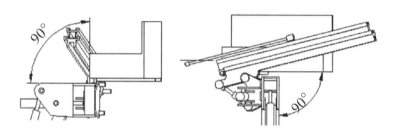

練　習　題

1. 試完成下列壓力單位之換算：
   (1) 5bar = ? kp/cm^2 = ? psi
   (2) 7kp/cm^2 = ? psi = ? bar
   (3) 50psi = ? bar = ? kp/cm^2

2. 如果一油壓缸的缸體最大長度為 982 mm，缸體活動端寬度為 45 mm，缸桿最大長度為 921 mm，缸桿活塞寬度為 60 mm，缸桿衝程（行程）為 720 mm。求其油壓缸最大伸張尺度與油壓缸最小收縮尺度。

3. 依照本章鑿孔工程機之發明創新例，假設大樑油壓缸之行程為 1000 mm，中間樑油壓缸之行程為 800 mm，其餘各零件及相關尺度自訂，試自行設計繪製一鑿孔機。

3.2 速力筒夾

3.2① 相關知識技術

1. 虎克定律（Hooke's law）

在日常生活中，我們可以發現很多物體，像是橡皮筋、彈簧、樹枝、弓箭等都具有彈性（elasticity）的特性。所謂的彈性，就是當物體遭受外力作用時，它的形狀或體積會產生變化；當外力移去時，它隨即又會恢復原來外力未作用前的形狀，此種恢復特性即稱為物體的彈性。

具有彈性特性的物體，我們稱為彈性體。我們便可利用彈性體的這種彈性特性，應用到本發明創新。

根據英國科學家虎克所發表的實驗，如下圖所示之低碳鋼材料例的應力－應變圖。

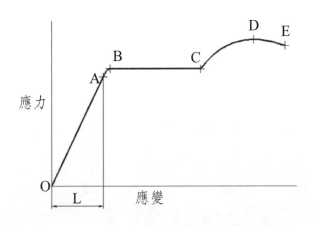

$$\sigma = \frac{P}{A} \, ,$$

其中 σ：應力

P：作用力

A：斷面積

$$\varepsilon = \frac{\delta}{1}$$

其中 ε：應變

δ：變形量

1：原有長度

O 點：原點

A 點：比例限度

B 點：降伏點

C 點：應變硬化點

D 點：極限應力

E 點：斷裂點

從上示的應力 — 應變圖可以看出來，彈性體在 OA 直線段裡，彈性體的應力與應變係呈正比關係，即應力與應變間有一比例常數 K，此比例常數 K 被稱為彈性係數 E（Modulus of elasticity）或彈性模數（Elasticity modulus）或楊式係數（Young's modulus）。

以公式表示，為

$$E = \frac{\sigma}{\varepsilon} \quad \text{或} \quad E = \frac{Pl}{A\delta}$$

此即虎克定律。

2. 楔（Wedge）的工作原理

在伐木工人砍柴劈柴的經驗中，我們發現伐木工人利用斧頭，可以輕易地將斧頭刀刃劈進木材中，這便是楔的一種應用。楔主要用在傳遞力量或運動的場合，楔本身係屬於斜面原理的應用。

如下圖所示，說明楔的應用原理。

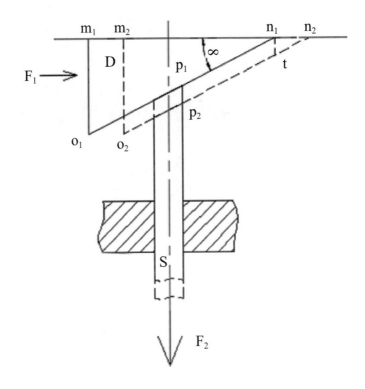

設有一三角形△ $o_1m_1n_1$，即楔本身 D，三角形的斜面 o_1n_1 抵靠在一個滑動件 S 上。

當三角形△ $o_1m_1n_1$ 被水平推動 m_1m_2（ n_1n_2 ）距離，即三角形△ $o_1m_1n_1$ 將移動至虛線三角形△ $o_2m_2n_2$ 位置，滑動件 S 也將被垂直推動 p_1p_2 之距離。已知

△ $o_1m_1n_1$ = △ $o_2m_2n_2$，且△ $o_2m_2n_2 \sim$ △ tn_1n_2

$$\frac{n_1t}{o_2m_2} = \frac{n_1n_2}{m_2n_2}$$

$$p_1p_2 = n_1t$$

$$m_1n_1 = m_2n_2$$

$$o_1m_1 = o_2m_2$$

$$\frac{p_1p_2}{o_1m_1} = \frac{n_1n_2}{m_1n_1}$$

$$p_1p_2 = n_1n_2 \times \frac{o_1m_1}{m_1n_1}$$

$$\tan B = \frac{o_1 m_1}{m_1 n_1}$$

$$p_1 p_2 = n_1 n_2 \times \tan B$$

$$\tan B = \frac{p_1 p_2}{n_1 n_2}$$

假設推動楔的施力為 F_1，滑動件的出力為 F_2，在不考慮物體的磨擦係數情形下，因為能量不滅，二者作功相等

$$F_1 \times n_1 n_2 = F_2 \times p_1 p_2$$

$$省力比 = \frac{F_1}{F_2} = \tan B$$

一般說來，$\tan B$ 均小於 1。故應用楔原理，有省力效果；且 B 愈小，省力效果愈大。

3. 螺旋（Helix）的工作原理

螺旋在我們日常生活中之應用很多，螺旋這個詞彙比較偏於幾何圖學上或一般性統括上的稱呼，像是經常使用到的螺絲（Screw）、螺栓（Bolt）、彈簧線（Spring wire）等，這些都屬於螺旋之應用範圍。

螺旋與上述的楔，基本上都源自於斜面原理的應用。如下圖所示，即為一螺絲（螺旋的應用）。

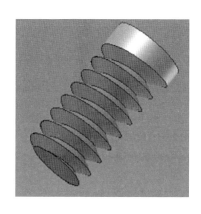

如下圖所示，說明螺旋的應用原理。

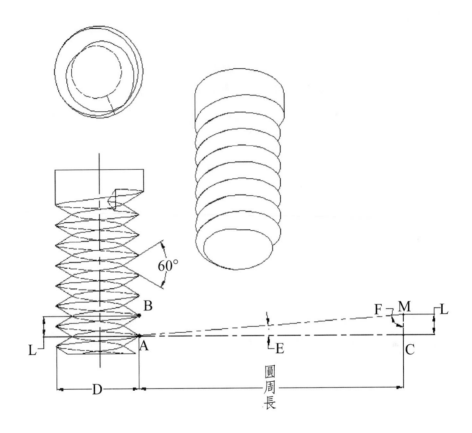

如上圖所示，假如我們將一個斜面（△ ACM）繞在一個圓柱上，這個斜面（即△ ACM 之斜邊 AM）在圓柱的圓周上所形成的曲線即稱爲螺旋線（Helix）。

設圓柱的直徑爲 D，螺旋線上點 A 在圓柱上繞行一周（即圓柱周長）的距離爲 πD。

此時，螺旋線上點 A 沿圓柱軸心移動之垂直距離 L（即點 A 移動至點 B）稱爲導程（Lead）；螺旋線與圓柱軸心法線所形成之角度 E 稱爲導程角；螺旋線與圓柱軸心所形成之角度 F 稱爲螺旋角：

導程角（Lead angle）$\tan E = \dfrac{L}{\pi D}$

螺旋角（Helix angle）$\tan F = \dfrac{\pi D}{L}$

注意

螺旋線在圓柱上所形成螺紋的溝槽角度稱為螺紋角（Thread angle），如上圖所示，該螺絲的螺紋角即為 60 度。

茲介紹螺旋如何達成省力功效之應用，下圖所示為一千斤頂螺旋的應用。

說明一千斤頂螺旋的應用原理，如下圖所示。

假設千斤頂螺桿與底座係以螺紋螺合，千斤頂的螺桿把手旋轉半徑為 R，施力為 F，螺旋之導程為 L，頂持之負重為 W。

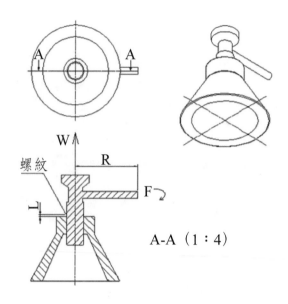

A-A（1：4）

當螺桿把手以施力旋轉一圈時，負重移動之垂直距離為導程 L。

在不考慮物體的磨擦係數情形下，因為能量不滅，二者作功相等：

$$W \times L \fallingdotseq F \times 2\pi R$$

$$\frac{W}{F} = \frac{2\pi R}{L} = 機械利益$$

當螺桿把手旋轉半徑為固定值時，導程愈小，愈省力。

當導程為固定值時，螺桿把手旋轉半徑愈大，愈省力。

3.2 ❷ 有關專利說明書部分

1. 發明名稱

速力筒夾。

2. 技術領域

在實務之生產製造過程，常常需將待加工的零件夾持固定，以便進行下一步的加上作業。由於時代的進步，加工技術的發達，使得所加工的產品精度也越來越提高。因此，待加工的零件精度也隨之提高，用來將零件夾持的夾具，只要有適當的開放收合裕度，配合目前精確光學定位的機械手裝置，很快地，就可將零件精密定位及轉換傳遞。

一方面，由於電腦數值控制機械的普及，零件精度也隨之提高。另一方面，在實務上，由於受限於場地大小、設備成本、需求時效等，並非每個零件都有可能利用電腦數值控制機械加工。以目前的時代需求，產品在加工時，不管哪個類型的加工，均是要求零件的定位要精確，更需要將零件夾持的相當牢固，因為唯有如此，才能產生大量的、精密度高的產品，特別是處於今日奈米時年代，一切產品都必須小巧精細。

3. 先前技術

由於目前所要加工的零件，已經是日趨精密，所以用來夾持固定加工零件的工具精度，也要求越來越高，如下圖即為一目前習用的精密虎鉗。該精密虎鉗雖然已有足夠精密度、穩定度，但對於一些特定規則形狀的零件，在夾持固定速度上仍然不夠快速。

另外，該精密虎鉗雖然構造堅固，但相對地購置成本也較高。由於並非所有較輕型產品都需要用到此種等級，因此無形中造成投資上的浪費，故先前技術確有改善的空間。

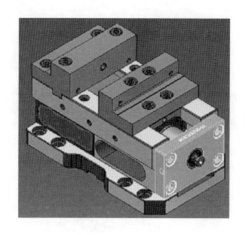

4. 發明內容

(1) 要解決的問題

　　如上所述，精密虎鉗雖然已有足夠精密度以支持所需要的加工程度；但對於一些特定規則形狀的零件，例如正方形、長方形、圓形、橢圓形或其它固定形狀的工件，該精密虎鉗在應付大量生產的工作型態下，顯然在夾持固定速度上仍然不夠快速，無法提高生產效率。

　　面對著日益競爭的全球化時代，產品若是無法使生產成本降低，就會有被替代淘汰的命運。因此勢必研發一種快速夾持的裝置，將加工零件的夾持固定速度減少，以提高生產效率。但除了夾持固定速度減少外；在目前強力加工趨勢下，更要求加工工件的強力固定，以保證加工時的穩定度，使維持高超的品質與精度。

　　因此，新研發的快速定位夾持裝置應該要將速度與穩定度兩者兼顧，才能符合目前加工上的需求，這即是本發明創新的由來與標的。

(2) 技術手段

　　為解決先前技術中既存的問題，本發明創作利用物體的彈性縮放變形，產生較為快速的強大夾持力道，可以將加工物件迅速地安

穩固定。

同時，利用上述的楔與螺旋等斜面原理的雙重應用，以較小的施力，產生倍力放大的出力效果，使生產者更為輕鬆省事，便於安排。

(3) 增進功效

相對照先前技術已有的功效比較，本發明創作只需要應用較小的施力，便可產生倍力放大的出力效果，使操作大為省事方便並且易於進行

由於物體的彈性縮放變形特性，除了可將零件迅速精密地定位外；在夾持卸除零件上的時間，亦可以有效的縮短。如此一來，就能提高生產效率，降低加工成本，大大地增加產品競爭力，促進產業技術升級發展。

5. 實施方式

本發明創作係以實施例（Examples）的方式加以闡述，主要針對所申請專利之技術內容，做更進一步之詳細說明，使技術內容更為具體明確，並能充分揭露，使該發明領域具有一般知識技術者了解其技術並據以實施。

本發明創作主要針對在業界生產製造過程中，待加工零件的夾持固定工作，顧名思義本發明創作名稱「速力筒夾」，即是能將工件快速定位強力夾持的筒夾。如下圖所示，為一般業界生產製造的零件例。

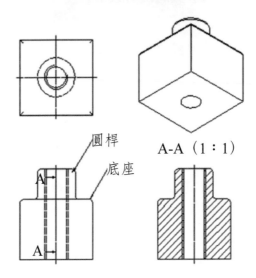

圓桿

底座

A-A（1：1）

　　該零件例僅是本發明創作中一實施例的說明方式，對於一些特定規則形狀的零件，例如正方形、長方形、圓形、橢圓形或其它固定形狀的零件，皆屬本發明創作實施例的範疇。本發明創作的技術特徵，不能只限縮於「發明內容」所載述之實施例內容。

　　如上圖所示零件，假設在生產製造過程中，該零件已完成底座、圓桿之加工。本發明創作之實施例，係要將該零件作一螺紋通孔之加工例。

　　針對該零件之底座係呈正方形狀，因此，本發明創作應配合該底座形狀，設計一可作快速彈性縮放變形之構件「夾盤」。「夾盤」立體圖如下圖所示，以符合本發明創作要達到的標的功效。

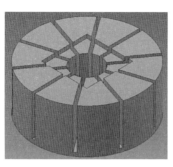
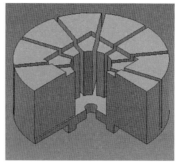

「夾盤」工程圖如下圖所示，

A-A（1：2）

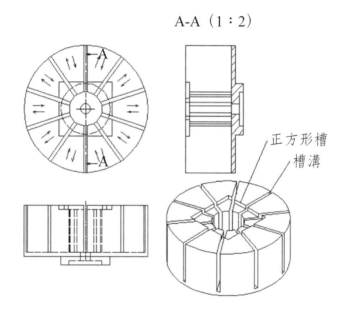

正方形槽
槽溝

　　「夾盤」呈一短圓柱塊，從端面開設有十條經過圓柱塊圓心的對稱溝槽；圓心則開設一圓孔，使圓柱塊形成十個可受力產生彈性變形縮放之區塊，如圖中的箭頭所示。端面並開設一呈正方形的階槽，零件底座可被安置於正方形階槽中。正方形階槽隨區塊之縮放而縮放，對零件遂產生夾緊卸除的動作。

　　「夾盤」另一端面形成一突出圓柱，突出圓柱可配合於「底座」的通孔，使「夾盤」便於安裝於「底座」上，並有適當之支撐。「底座」立體圖如下圖所示。

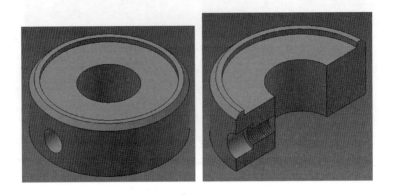

　　「底座」工程圖如下圖所示。

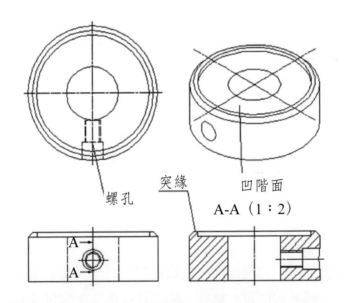

螺孔　　突緣　　凹階面

A-A（1：2）

　　「底座」在與「夾盤」結合端面設有突緣，使「底座」在結合端面側形成一凹階面。當「夾盤」產生夾緊卸除動作時，提供「夾盤」形體的彈性變形縮放與活動作業空間。

　　「底座」的通孔中安裝有一「夾緊環」。「夾緊環」立體圖如下圖所示。

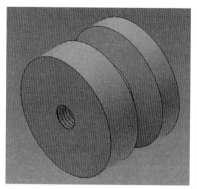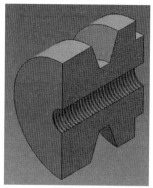

　　「夾緊環」工程圖如下圖所示

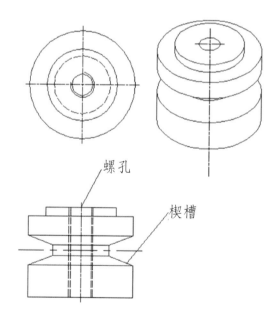

螺孔

楔槽

　　「夾緊環」一端面形成一突出圓柱，突出圓柱可配合「夾盤」突出圓柱的凹孔，同樣地「夾緊環」也可使「夾盤」便於安裝於「底座」上，並有適當之支撐。

「夾緊環」設一貫穿螺孔，用於供「夾緊環」與「夾盤」螺合為一體，使「夾緊環」與「夾盤」產生連動關係。

「結合螺栓」之立體圖、工程圖各如下圖所示，「結合螺栓」用於供「夾緊環」與「夾盤」螺合為一體。

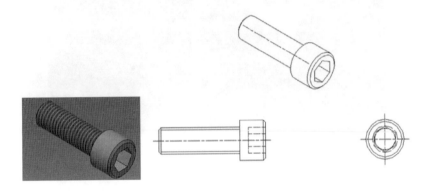

當「夾緊環」與「夾盤」螺合為一體，「底座」在「夾緊環」之楔槽中心線略上方位置開設一螺孔螺孔，用於供「驅動桿」螺合。「驅動桿」之立體圖、工程圖各如下圖所示。

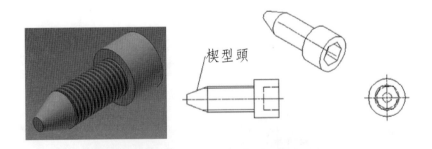

驅動桿之一端設有楔型頭當驅動桿沿底座」，在「夾緊環」之螺孔前進時，楔型頭可與「夾緊環」之楔槽楔合。

　　本發明創作之整體組合立體圖如下左圖所示；下右圖所示者，
爲其四分之三剖視圖。

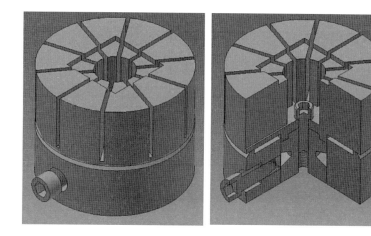

　　本發明創作之工程圖各如下圖所示。

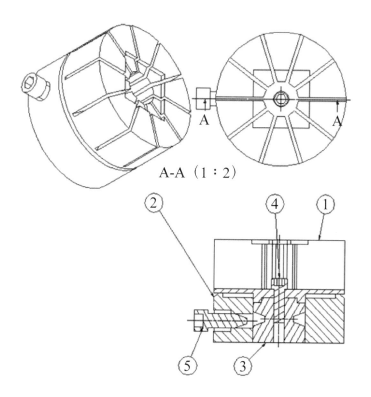

A-A（1：2）

6. 符號說明

1：夾盤

2：底座

3：夾緊環

4：結合螺栓

5：驅動桿

由於「驅動桿」中心線位於「夾緊環」之楔槽中心線略上方，當操作「驅動桿」轉動螺紋時，如前述螺旋（Helix）的工作原理所載內容，「驅動桿」會產生較大之水平施力。

當「驅動桿」產生較大之水平施力時，如前述楔（Wedge）的工作原理所載內容，「驅動桿」之楔型頭壓迫「夾緊環」之楔槽，又產生較大之垂直向下拉力，故會使「夾緊環」產生更大的垂直下拉力量。

由於「結合螺栓」將「夾緊環」與「夾盤」螺合為一體，當「夾緊環」產生垂直下拉力量時，會使夾盤變形往下收縮。如前述虎克定律的工作原理所載內容，圓柱塊形成十個可受力產生彈性變形縮放之區塊，「夾盤」上的各切割區塊便向中心推擠，將要加工的工件牢牢地夾緊。

當「驅動桿」轉動螺紋退回時，「夾緊環」的楔持力量消失，由於「夾盤」的彈性回復變形力量，「夾盤」會回復原來形狀。「夾盤」上的各切割區塊便遠離中心退回原來位置，加工的工件不再夾緊，工件便可脫離夾具。

只要「夾盤」是在材料的彈性限度範圍內，作業「夾盤」就可持續地頻繁操作。由於所利用「夾盤」彈性變形夾持範圍不大，「夾盤」的動作速度也會很快，所以可很迅速地將工件夾持、鬆懈，對於生產效率能夠大大地提昇。

練　習　題

1. 一個千斤頂的手柄長 60 cm ，螺桿導程為 10 mm ，要舉起 2500 kg 的重量。如果不計較摩擦力損失，手柄上要施加多少力量？

2. 依照本章速力筒夾之發明創新例，假設如下圖所示，為一般業界所生產製造的零件，試自行設計繪製一速力筒夾，夾持固定部位為正六角形頭處。

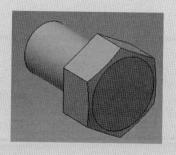

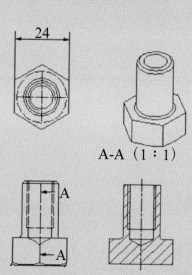

A-A（1：1）

3.3 倍力裝置（Clamping nut, mechanical w/t intergral planetary gear）

3.3.1 相關知識技術

1. 扭矩

我們在一般生活中，或多或少都會有遇到用扳手等工具（如下圖所示者），將螺帽等零件鎖緊或拆卸的經驗。根據操作經驗得知，使用不同尺度大小的扳手，使螺帽等零件產生旋轉的趨勢也不相同。

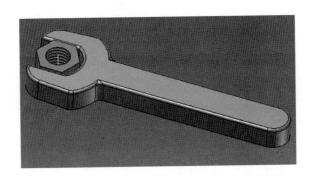

像這種使物體產生旋轉趨勢的大小，我們便稱為扭矩（Torque）。如下圖所示，扭矩之定義如下：

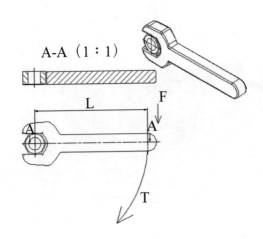

假設對扳手的施力為 F，扳手的力臂為 L（即施力點到旋轉中心的垂直距離），則

$$扭矩\ T = F \times L$$

所以，根據扭矩的公式，我們可以得知：

(1) 當扳手的力臂為固定時，對扳手的施力越大，扭矩就越大。

(2) 當對扳手的施力為固定時，扳手的力臂越大，扭矩就越大。

2. 周轉輪系

一般的（齒輪）輪系，大都是個別（至少一個）輪軸上的齒輪，僅是繞自身的輪軸旋轉。

如下圖所示者，齒輪 A、齒輪 B 皆各僅繞自身的輪軸旋轉，且每個輪軸上也僅樞裝一個齒輪，此即屬一般通稱的單式輪系。

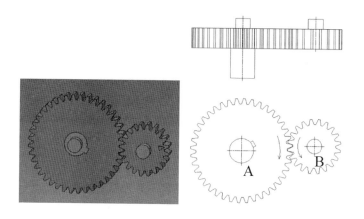

單式輪系的輪系值（Train value）e 計算較為簡單，輪系值即速比。以上圖為例，單式輪系中，首輪的轉數為 N_a，首輪的齒數為 T_a；末輪的轉數為 N_b，末輪的齒數為 T_b，則輪系值 e 之計算公式為

$$e = \frac{T_a}{T_b} = \frac{N_b}{N_a}$$

　　如果在一個（齒輪）輪系中，某個（至少一個）輪軸上的齒輪，除了本身繞自身的輪軸旋轉外，同時還繞著另一個固定輪軸（基準輪軸）作旋轉，這種輪系即稱為周轉輪系（Epicycle train）；或稱為太陽輪系（Sun train），或行星輪系（Planet train）。

　　如下圖所示者，即為一周轉輪系，其中有一行星齒輪除了繞自身的輪軸 O_2 作旋轉，同時還繞著另一個太陽齒輪的固定軸（基準輪軸） O_1 作旋轉。

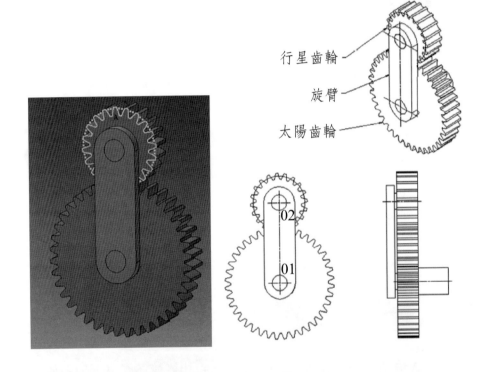

行星齒輪

旋臂

太陽齒輪

　　周轉輪系中，齒輪的動作情形就稍加複雜，不像單式輪系較為單純；而我們正可利用周轉輪系的特色，來加大所需要的工作扭矩。

　　同樣以下圖的例子，來說明周轉輪系的動作原理及工作情形。

　　假如有一太陽齒輪繞固定軸 O_1 作旋轉，太陽齒輪的齒數 Z_s 為 40，有一行星齒輪繞自身的輪軸 O_2 作旋轉，同時還繞著另一個太

陽齒輪的固定軸（基準輪軸）作旋轉，行星齒輪的齒數 Z_p 為 20，有一旋臂連接太陽齒輪的固定軸 O_1 與行星齒輪自身的輪軸 O_2 使行星齒輪繞自身的輪軸 O_2 作旋轉，同時還繞著另一個太陽齒輪的固定軸作旋轉。

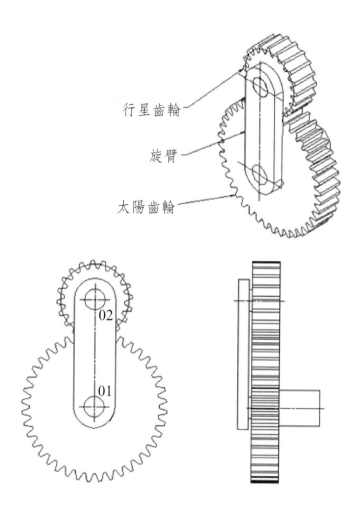

行星齒輪

旋臂

太陽齒輪

我們可利用兩種方法，來分析上述的周轉輪系：

(1) 隔離組合法：

上述的周轉輪系，行星齒輪除了繞自身的輪軸 O_2 作旋轉，同時還繞著另一個太陽齒輪的固定軸（基準輪軸）O_1 作旋轉，所以我

們必須將上述的周轉輪系，先分別隔離成兩種情形來討論，然後再將其組合。

　　A. 假設太陽齒輪、行星齒輪均固定不動，只有旋臂繞著固定軸 O_1 作順時鐘旋轉。

　　以下各圖，分別為旋臂繞著固定軸 O_1 作順時鐘旋轉一圈的情形。

注意

　　行星齒輪本身相對於旋臂雖然不作旋轉；但行星齒輪隨著旋臂
順時鐘旋轉一圈，行星齒輪上的▲記號，已繞行 360° 作順時鐘旋
轉一圈，也就是行星齒輪亦已順時鐘旋轉一圈，如下圖所示者。

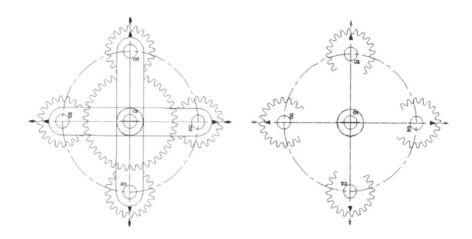

　　B. 假設太陽齒輪、旋臂均固定不動，只有行星齒輪繞著固定
軸 O_1 作順時鐘旋轉，（為便於說明，暫先將旋臂移除）如下圖所示
者。

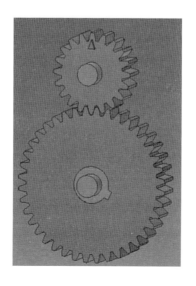

假想將旋臂忽略不視的圖形，當行星齒輪繞著固定軸 O_1 作順時鐘旋轉，在行星齒輪旋轉二分之一圈、一圈、三分之二圈、二圈時，如下各圖所示。可以看出，當行星齒輪繞著固定軸 O_1 作順時鐘旋轉一圈時，行星齒輪自身會順時鐘旋轉二圈，

　　C.綜合上述 (1)、(2) 情形，行星齒輪將會作順時鐘旋轉 3（1 + 2 = 3）圈。

(2) 計算公式法：

　　首先討論周轉輪系各齒輪之間的絕對轉數、相對轉數。

　　個別齒輪繞其本身樞軸所旋轉的次數稱為各元件的絕對轉數，個別齒輪相對於旋臂所旋轉的次數稱為各元件的相對轉數，茲分別

以英文字母代表之：

N$_s$：太陽齒輪的絕對轉數

N$_p$：行星齒輪的絕對轉數

N$_a$：旋臂的絕對轉數

N$_{sa}$：太陽齒輪的相對轉數

N$_{pa}$：行星齒輪的相對轉數

如以上 (一) 情形為例，即假設太陽齒輪、行星齒輪均固定不動，只有旋臂繞著固定軸 O$_1$ 作順時鐘旋轉。

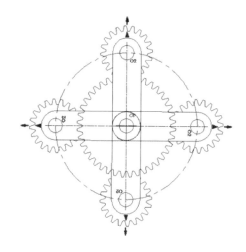

假設順時鐘旋轉方向為正（＋），

N$_a$ = 1，且 N$_p$ = 1

則 N$_{pa}$ = N$_p$ － N$_a$ = 1 － 1 = 0

而周轉輪系的輪系值 e 計算公式為

Z$_s$：太陽齒輪的齒數

Z$_p$：行星齒輪的齒數

$$e = \frac{N_p - N_a}{N_s - N_a} = \frac{Z_s}{Z_p}$$

　　至於輪系值 ε 的正負值，則視首輪、末輪之相對轉向而定。末輪與首輪之轉向相同，輪系值 e 爲正。

　　反之，末輪與首輪之轉向相反，輪系值 ε 爲負。

　　如以上述 (C) 情形爲例，$N_a = 1$，$N_s = 0$；$Z_s = 40$，$Z_p = 20$

$$e = \frac{N_p - N_a}{N_s - N_a} = \frac{Z_s}{Z_p}$$

$$\frac{N_p - 1}{0 - 1} = \frac{-40}{20}$$

$$N_p - 1 = 2 \rightarrow N_p = 3$$

　　即行星齒輪將會作順時鐘旋轉三圈，與上述 (C) 情形之結果相同。

3. 太陽行星輪系

(1) 太陽行星輪系

　　太陽行星輪系爲周轉輪系之一較常應用例（特別是將應用於本發明的倍力裝置）；這也就是周轉輪系有時也被人稱爲太陽輪系，或行星輪系的原因。其構造如下所示。

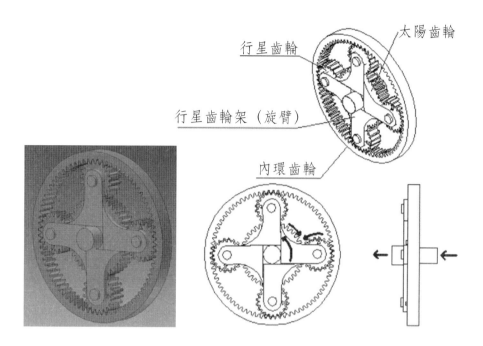

　　太陽行星輪系主要由內環齒輪、太陽齒輪、行星齒輪、行星齒輪架構而成，其中內環齒輪為固定元件，即內環齒輪本身不轉動；動力由太陽齒輪軸輸入，經過行星齒輪，再由行星齒輪架軸（即旋臂）將動力輸出。

　　太陽行星輪系在構造上的安排，可以達到在有限的體積下，大大減低速比，增加扭矩的效果；且利用等間分布的行星齒輪架，使扭矩動力更均勻地傳送。整體而言，太陽行星輪系為具有減低速比、增加扭矩、減少體積重量、提高傳動效率、加強負載能力的小型且強而有力的機構。

(2) 太陽行星輪系繪製

　　如下圖所示，在前述齒輪組中再加入一個內環齒輪，即形成一個太陽行星輪系。因繪製內環齒輪不常遇到，故特於本節介紹。

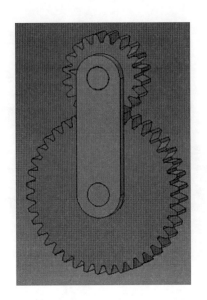

　　首先應先了解太陽行星輪系各齒輪的空間組合關係及各齒輪間的關係式。假設原來齒輪組之 2 個齒輪齒數分別為 40、20，模數為 2.5；即太陽齒輪齒數 Z_s 為 40，行星齒輪齒數 Z_p 為 20。

　　根據下述太陽行星輪系計算公式中之內環齒輪與太陽齒輪、行星齒輪之齒數關係式（請先參考，後敘）。

　　內環齒輪齒數 $Z_i = Z_s + 2Z_p = 40 + 2 \times 20 = 80$

　　有關太陽行星輪系在 Inventor 中的繪製步驟，可參考如下：

　　1. 先開啟「齒輪組」組合檔，將先前儲存的「齒輪組」，放置至視窗畫面。

　　2.「設計」工具頁籤→點選「正齒輪」，跳出「正齒輪元件產生器」視窗。

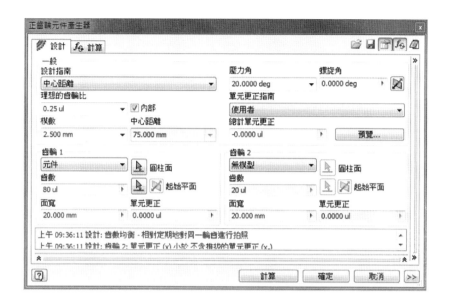

　　齒輪齒數、模數分別為已知→在「設計指南」欄的格子內點選「中心距離」（不含齒輪齒數、模數參數之選項）。

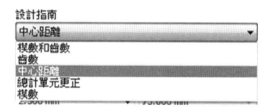

　　因為係繪製一內環齒輪，在「理想的齒輪比」欄右側勾選「內部」。

　　在「模數」欄的格子內輸入「2.5」→在「齒輪 1」欄的格子內點選「元件」→在「齒數」欄的格子內輸入「80」→在「模數」欄的格子內輸入「2.5」→在「面寬」欄的格子內輸入「20」。

　　因為只單獨繪製一內環齒輪，齒輪在「齒輪 2」欄的格子內點選「無模型」→按「確定」→完成一內環齒輪建構。

169

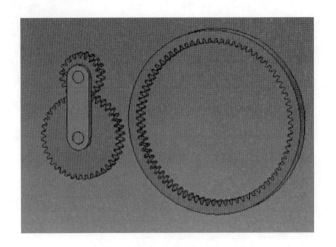

3.「組合」工具頁籤→點選「約束」，跳出「放置約束」視窗→利用「約束」工具指令，將內環齒輪限制在特定的相對空間關係位置。

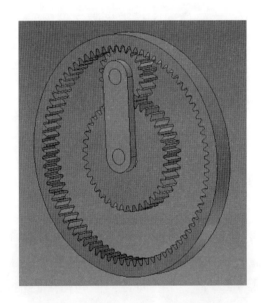

4.「組合」工具頁籤→點選「陣列」 陣列，跳出「放置約束」視窗→點選「環形」 →複製特徵分別點選「正齒輪2」、「旋臂」→「軸線方向」 點選「正齒輪1」的Z軸→複製數目 輸入「4」

→環形間隔角度◇輸入「90」。

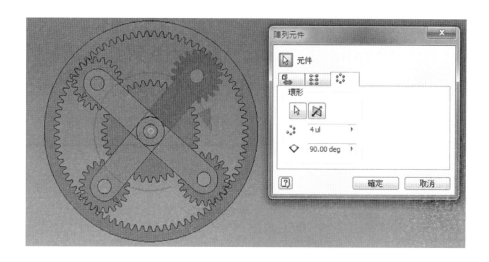

　　按「確定」。

　　5.將瀏覽器太陽行星輪系展開→點選「旋臂1」，按滑鼠右鍵，跳出功能表，點選「編輯」。

　　點選「旋臂 1 表面」，按滑鼠右鍵，跳出功能表，點選「新草圖」→點選「投影切割邊」，繪製旋臂 1 的新草圖→完成後，按「完成草圖」。

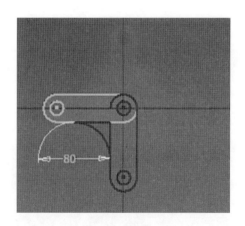

　　點選「擠出」將旋臂 1 重新建構。

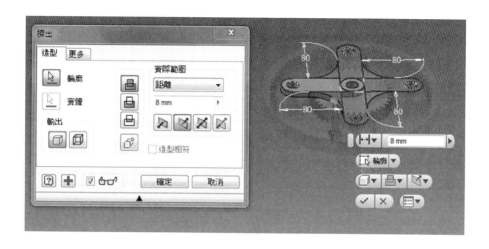

6.將瀏覽器太陽行星輪系展開→點選「旋臂1」，按滑鼠右鍵，跳出功能表，點選「編輯」→點選「旋臂1表面」，按滑鼠右鍵，跳出功能表，點選「新草圖」→點選「投影幾何圖形」，再繪製旋臂1的新草圖→完成後，按「完成草圖」。

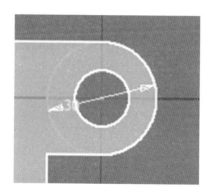

點選「擠出」，將旋臂1重新建構。

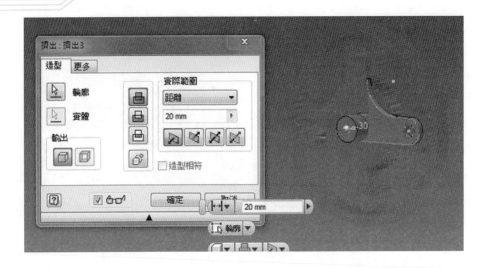

完成太陽行星輪系組合。

(3) 太陽行星輪系的計算公式

　A. 內環齒輪與太陽齒輪、行星齒輪之齒數關係式

　太陽行星輪系之構成如下圖所示：

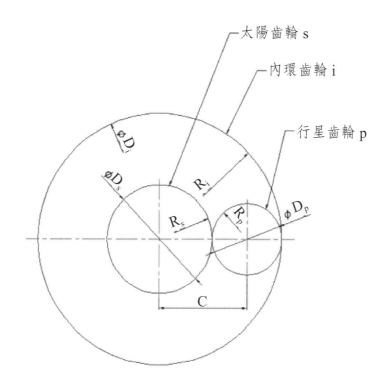

其中

s 表示太陽齒輪

p 表示行星齒輪

i 表示內環齒輪

C 表示齒輪中心距離

M 表示模數

Z 表示齒數

D 表示齒輪節圓直徑

R 表示齒輪節圓半徑

Z_s：太陽齒輪齒數

Z_p：行星齒輪齒數

Z_i：內環齒輪齒數

D_s：太陽齒輪節圓直徑

D_p：行星齒輪節圓直徑

D_i：內環齒輪節圓直徑

R_s：太陽齒輪節圓半徑

R_p：行星齒輪節圓半徑

R_i：內環齒輪節圓半徑

公式演算：

$$\because R_i = R_s + 2R_p$$

$$\therefore \frac{D_i}{2} = \frac{D_s}{2} + D_p$$

$$\because D = Z\,M$$

$$\therefore \frac{Z_iM}{2} = \frac{Z_sM}{2} + Z_pM$$

$$*Z_i = Z_s + 2Z_p$$

B. 太陽行星型輪系（行星齒輪架對對太陽齒輪）速比（ε）

設 N：表示齒輪轉數

  A：表示旋臂（行星齒輪架）

  N_i：內環齒輪轉數

  N_s：太陽齒輪轉數

  N_a：旋臂轉數

  N_{ia}：內環齒輪相對轉數

  N_{sa}：太陽齒輪相對轉數

參考前述周轉輪系值 ε 計算公式，太陽行星型輪系輪系值 e 為

$$e = \frac{N_{ia}}{N_{sa}} = -\frac{Z_s}{Z_i}$$

$$e = \frac{N_i - N_a}{N_s - N_a} = -Z_s/Z_i$$

本產品為行星型輪系，$N_i = 0$

$$(0 - N_a) = (N_s - N_a)(-Z_s/Z_i)$$

$$N_s(Z_s/Z_i) = N_a + N_a(-Z_s/Z_i) = N_a(1 + Z_s/Z_i)$$

$$N_a = N_s \times (Z_s/Z_i)/(1 + Z_s/Z_i)$$

$$= N_s \times (Z_s/Z_i)(Z_i/Z_s)/(1 + Z_s/Z_i)(Z_i/Z_s)$$

$$= N_s \times 1/(1 + (Z_i/Z_s))$$

即行星型輪系之行星齒輪架對太陽齒輪之速比 ε 為

$$\varepsilon = \frac{N_a}{N_s} = \frac{1}{1 + \dfrac{Z_i}{Z_s}}$$

由上述公式得知，(Z_i/Z_s) 值越小，太陽行星型輪系速比越大。

因為 Z_i 為內環齒輪齒數，Z_s 為太陽齒輪齒數，所以如果在相同固定尺度之內環齒輪下，假設內環齒輪齒數為 100，太陽齒輪齒數為 20，速比 ε 為 1/6；當太陽齒輪齒數為 50，速比 ε 為 1/3。

故太陽齒輪齒數愈大，太陽行星型輪系速比也愈大。太陽齒輪齒數與太陽行星型輪系速比呈正比例關係。

C. 太陽行星型輪系之扭矩增益計算

輸入作功：W_i

輸出作功：W_o

輸入扭矩：T_i

輸出扭矩：T_o

輸入施力：F_i

輸出施力：F_o

輸入施力半徑：R_i

輸出施力半徑：R_o

輸入軸轉數：N_i

輸出軸轉數：$N_o\,(N_o = N_a)$

$$\because W_i = W_o$$
$$F_i \times 2\pi R_i\, N_i = F_o \times 2\pi R_o\, N_o$$
$$F_i\, R_i \times N_i = F_o R_o \times N_o$$
$$T_i \times N_i = T_o \times N_o$$
$$T_i \times N_s = T_o \times N_a$$

$$扭矩增益比 = T_o/T_i = N_s/N_a = 1/\varepsilon$$
$$T_o = T_i \times (N_s/N_a) = Ti \times (1/\varepsilon)$$
$$1/\varepsilon = 1 + (Z_i/Z_s)$$
$$*T_o = T_i \times [1 + (Z_i/Z_s)]$$

由上述公式得知

（Z_i/Z_s）值越大，太陽行星型輪系扭矩增益越大。

如果在相同固定尺度之內環齒輪下，假設內環齒輪齒數為 100，太陽齒輪齒數為 20，T_o 為 6 T_i；當太陽齒輪齒數為 50，T_o 為 3 T_i。

故太陽齒輪齒數越小，太陽行星型輪系扭矩增益越大。太陽齒輪齒數與太陽行星型輪系扭矩增益呈反比例關係。

* 行星齒輪個數為 X_p，扭矩傳遞接觸係數為 η。

X_p 為 1 時，$T_o = \eta[1 + (Z_i/Z_s)]$

X_p 不為 1 時，$T_o = \eta[1 + (Z_i/Z_s)]X_p$

3.3 ② 有關專利說明書部分

1. 發明名稱

倍力裝置。

2. 技術領域

有鑒於機械加工技術日新月異，不斷地在提昇進步，尤其以一般的 CNC 加工機為例，已從三軸到四軸進步到五軸方位度的難度變化，工件之加工精度、速度也要求越來越高。如何將工件以強大

力道安穩地固定，使在同一階段行程中，同時加工五個工作面，已屬基本需求。

上述 CNC 加工機例，僅是簡單說明本發明創作之研發動機需求之一，事實上，現代很多工程應用場合，也均將必然有此需要。面臨此種趨勢，工件的夾持已更形重要。傳統用以扭緊螺栓的扳手夾持力，已無法應付日益加重之切削負荷所需之力道。

因此，在有限的機台操作空間中，如何增大夾具等的夾持力矩（Torque），勢必成為目前最迫切重大的課題。因現行機器上常用的零件仍為螺栓（例如 T 型螺栓），要增加螺栓的夾緊力，勢必要增大作用於螺栓的扳手扭矩。

增大扭矩的方式、工具很多，但是受限於機台的操作空間，且還要考慮到操作者本身的力道、便利性。所以我們認為最受用的，可以拿來解決上述難題的救星，便是機件原理上所應用的行星齒輪（Planetary gear），或有人稱之為太陽齒輪（Sun gear），也就是一般通稱之周轉輪系。

本發明創作之倍力裝置，即是應用周轉輪系的原理，使倍力裝置可以在有限的空間裡，工作人員只要輸入一般正常工作的力矩值，即可產生放大倍數超高之力矩值，以便將零件牢牢地安穩固定，不會輕易鬆脫，以致改善加工品質及工作安全。

3. 先前技術

一般常見習用的先前技術，在固定鎖緊或鬆卸拆除螺栓等零件時，都會使用如下圖所示的固定扳手等工具。

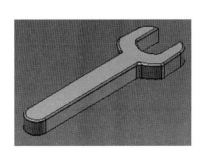

由於固定扳手的力臂（L_1，如下圖所示）為固定長度，在一定的施力下，當要加大夾持力矩時，通常會以一較長圓管套持於固定扳手來解決問題，如下之立體圖及工程圖所示。

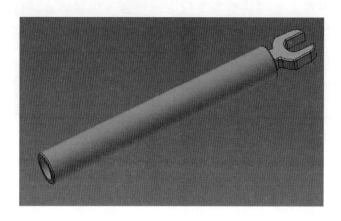

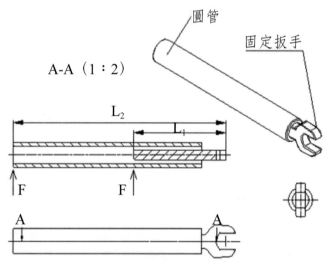

A-A（1：2）

由工程圖所示，假設

固定扳手的力臂為 L_1，圓管的力臂為 L_2，施力為 F

未加圓管的固定扳手力矩 $T_1 = F \times L_1$

已加圓管的固定扳手力矩 $T_2 = F \times L_2$

$$\because L_2 > L_1 \text{，} \therefore T_2 > T_1$$

雖然 $T_2 > T_1$，但由於圓管力臂 L_2 必須加長，使得扭轉操作圓管力臂之空間加大。如果要更增加力矩 T_2，圓管力臂 L_2 必須更加長，就須更加大扭轉操作圓管力臂之空間。如此一來，勢必增加操作的難度；另一方面，通常工作的地點、環境的空間大小都有其限制，所以光是靠增加圓管力臂 L_2，變得更不可行。

為解決上述難題，應用本發明創作之倍力裝置就可以在有限的空間裡，工作人員只要輸入一般正常工作的力矩值，即可產生放大倍數超高力矩值，以便將零件牢牢地安穩固定，不會輕易鬆脫，以致改善加工品質及工作安全。

4. 發明內容

(1) 發明所要解決的問題

習用的固定扳手等工具，在一定的施力下，當要加大夾持力矩時，必須以一較長圓管套持於固定扳手來解決問題。但由於圓管力臂必須加長，使得扭轉操作圓管力臂之空間加大。如果要更增加力矩 T_2，圓管力臂 L_2 則必須更加長，就必須更加大扭轉操作圓管力臂之空間。

如此一來，勢必增加操作的難度；另一方面，通常工作的地點、環境的空間大小都有其限制，所以光是靠增加圓管力臂 L_2，變得不可行。

為解決上述難題，應用本發明創作之倍力裝置就可以在有限的空間裡，工作人員只要輸入一般正常工作的力矩值，即可產生放大倍數超高力矩值，以將零件牢牢地安穩固定，不會輕易鬆脫，以致影響加工品質及工作安全。

(2) 技術手段

為解決先前技術中既存的問題，本發明創作利用太陽行星型輪系扭矩增益原理，產生強大夾持力道，可以將加工物件安穩固定。

相同固定尺度之內環齒輪下，太陽齒輪齒數越小，太陽行星型輪系速比也越大。太陽齒輪齒數與太陽行星型輪系速比呈正比例關係。

故太陽齒輪齒數越小，太陽行星型輪系扭矩增益越大。太陽齒輪齒數與太陽行星型輪系扭矩增益呈反比例關係。利用上述原理的應用，以較小的施力，就能產生倍力放大的扭矩效果，使生產者更為輕鬆省事，便於操作。

(3) 增進功效

相對照先前技術已有的功效比較，本發明創作只需要應用較小的施力，便可產生倍力放大的扭矩效果，使操作大為省事方便，並且提高生產效率。

尤其本發明創作只需要較小的空間尺度，便可發揮奇大的扭矩，特別對於在操作空間環境受限的情況下，確實是一個最佳的解決方案。反過來說，如此一來，本發明創作更能有效提高空間利用效率，降低加工成本，大大地增加產品競爭力，促進產業技術升級發展。

5. 實施方式

本發明創作係以實施例（Examples）的方式加以闡述，主要針對所申請專利之技術內容，做更進一步之詳細說明，使技術內容更為具體明確，且充分揭露，讓該發明領域具有一般知識技術者了解其技術並據以實施。

本發明創作主要為前述太陽行星型輪系（如下圖所示）原理的應用。

　　為了達成在較小的空間尺度，便可發揮扭矩奇大的標的功效，本發明創作必須將上述之太陽行星型輪系組合確實有效地安置於可靠的零件上。因此，本發明創作先行設計一環座，該環座應具有容納太陽行星型輪系及其他相關零件（驅動塊、驅動塊墊圈）的空間，同時，我們可直接將內環齒輪設於環座的環壁上，以有效地善用環座的構造空間。

　　設計繪製完成的環座立體圖、工程圖，分別如下各圖所示。

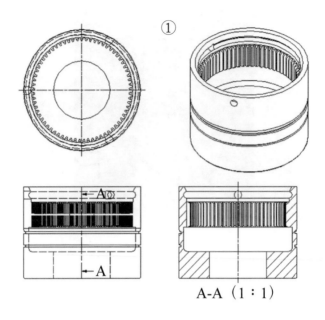

A-A（1：1）

　　環座在安置容納完太陽行星型輪系及其他相關零件後，我們可
設計一環蓋，將環座封閉，使太陽行星型輪系及其他相關零件能確
實位於環座內運作，也維持操作上的安全。另外，因為太陽行星型
輪系中，係以太陽齒輪為主動，故我們亦須利用環蓋提供作為驅動
太陽齒輪的太陽齒輪驅動軸（下述）之支撐。環蓋上並設有三個銷
孔，使環蓋可藉三個定位銷，將環蓋與環座相互牢固定位。

　　設計繪製完成的環蓋立體圖、工程圖，分別如下各圖所示。

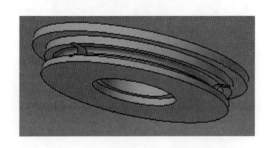

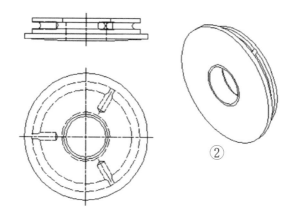

②

　　上述的太陽行星型輪系原理說明中，行星齒輪係固定於行星齒輪架（即旋臂）的軸上。但在本發明創作中，我們有兩方面的考慮，一方面是爲了將有效將環座的構造空間縮小；另一方面則是在狹小空間下所設計之行星齒輪架軸心，在經過太陽行星型輪系放大高倍扭矩情況下，可能會導致軸心強度不足。

　　故權宜之計，我們可設計一行星齒輪驅動塊，利用三個行星齒輪（本發明創作設計成三組）與驅動塊間之摩擦力，由驅動塊提供足夠之支撐強度，將太陽行星型輪之高倍扭矩傳遞出去。

　　設計繪製完成的驅動塊立體圖、工程圖，分別如下各圖所示。

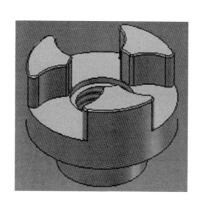

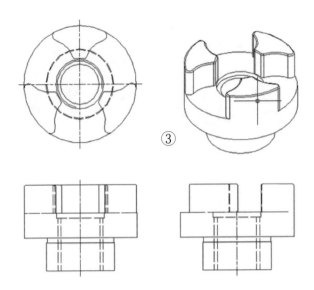

③

為了避免驅動塊在轉動時直接與環座摩擦損耗，我們可在驅動塊與環座之間設置一驅動塊墊圈，驅動塊墊圈以耐磨潤性材質構成。

設計繪製完成的驅動塊墊圈立體圖、工程圖，分別如下各圖所示。

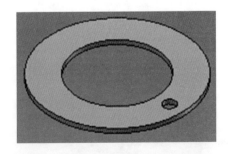

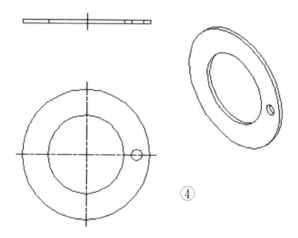

④

　　驅動塊設有 T 形槽螺栓的接合螺孔，用以供本發明創作在鎖
緊工作時，T 形槽螺栓的鎖合之用。爲避免操作者不愼，將 T 形槽
螺栓鎖入過深，導致傷及太陽齒輪驅動軸（下述）。故我們可在驅
動塊與太陽齒輪驅動軸之間設置一止位墊圈，以確保零件之安全。

　　設計繪製完成的止位墊圈立體圖、工程圖，分別如下各圖所示。

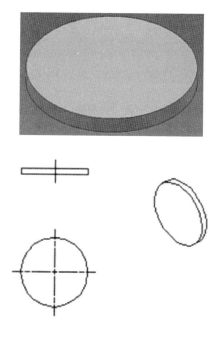

　　如上所述，因為太陽行星型輪系中，係以太陽齒輪為主動，故我們須設計一驅動太陽齒輪的太陽齒輪驅動軸。太陽齒輪驅動軸利用環蓋為支撐，太陽齒輪驅動軸一端直接加工成太陽齒輪，另一端突出環蓋之外，供予操作者之扳手等工具套合使用。

　　設計繪製完成的太陽齒輪驅動軸立體圖、工程圖，分別如下各圖所示。

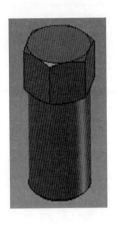

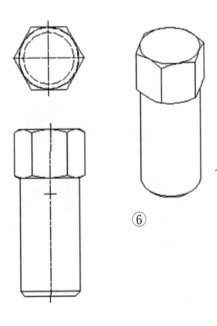

⑥

　　由於太陽齒輪驅動軸係與操作者之扳手等工具套合，以驅使太陽齒輪等旋轉使用。爲減少零件間旋轉時造成的摩擦損耗，故我們須設計一襯套，將襯套過盈（干涉）配合於環蓋，再供驅動軸套合使用。

　　設計繪製完成的襯套立體圖、工程圖，分別如下各圖所示。

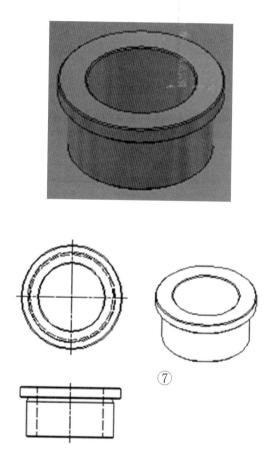

⑦

　　所有主要零件設計繪製完成本發明創作整體組合之立體圖、工程圖，分別如下各圖所示。

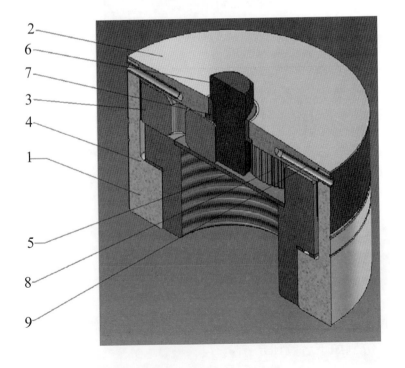

6. 符號說明

件號 1：環座

件號 2：環蓋

件號 3：行星齒輪驅動塊

件號 4：驅動塊墊圈

件號 5：止位墊圈

件號 6：太陽齒輪驅動軸

件號 7：襯套

件號 8：行星齒輪

3.3 ③ 設計細節

有關本發明創作之設計細節，並不需要記載於專利說明書中，故僅於本章此例中列出，此處只是將有關過程內容提出，供作設計上之參考。

本發明創作主要仍將應用上述之太陽行星型輪系之原理，其確實之設計研發過程如下：

假設本發明創作採用模數為 M = 0.75 之標準齒輪。

1. 齒數計算

內環齒輪與太陽齒輪、行星齒輪之齒數關係式

$$*Z_i = Z_s + 2 \times Z_p$$

Z 表示齒數

s 表示太陽齒輪

p 表示行星齒輪

i 表示內環齒輪

2. 齒輪之尺度記計算

C 表示齒輪中心距離

m 表示模數

D 表示齒輪節圓直徑

R 表示齒輪節圓半徑

D_o 表示齒輪齒頂圓直徑，即太陽齒輪及行星齒輪之最大外徑

$$D = m \times Z$$
$$D_o = m \times (Z + 2)$$
$$h_k = m（齒冠），h = 2.25 \ m（全齒深）$$

(1) 內環齒輪之節圓直徑、齒頂圓直徑、齒底圓直徑計算：

$D_i = $（內環齒輪之節圓直徑）

$D_{ki} = D_i - 2h_k = (Z_i - 2)m$（內環齒輪之齒頂圓直徑，較小徑者）

$D_{ri} = D_{ki} + 2h = (Z_i + 2.5)m$（內環齒輪之齒底圓直徑，較大徑者）

3. 計算步驟

因太陽齒輪外徑原則上與對應的扭矩扳手開口寬度 SW_1 相近並成正比，先以扭矩扳手開口寬度 SW_1 推算太陽齒輪外徑、太陽齒輪齒數。

茲以下例作說明：

假設扭矩扳手開口寬度 $SW_1 = 15$

$M = 0.75，D_o = 73$（夾具外徑）

$D_{os} = (Z_s + 2) \times m，$

故 $D_{os} \doteqdot (SW_1 \div m) - 2$

$Z_s + 2 = D_{os}/m = 15 \div 0.75 = 20$

$Z_s = 20 - 2 = 18$

$T_o = T_i \times [1 + (Z_i/Z_s)]$

如果希望扭矩增益比（T_o/T_i）要大於 5.5

即 $1 + (Z_i/Z_s)$ 要大於 5.5

(Z_i/Z_s) 要大於 4.5

$Z_i > 4.5 \times 18 = 81$

$Z_i = Zs + 2 \times Z_p$

$8_1 = 18 + 2 \times Z_p$

$Z_p = (81 - 18)/2 = 63/2 = 31.5$

Z_p 必須取 31.5 附近值，且爲正自然數並符合齒數關係式者。

$Z_i = Z_s + 2 \times Z_p$

所以 $Z_p = 32$ 較爲理想

$Z_i = Z_s + 2 \times Z_p = 18 + 2 \times 32 = 82$

所以行星齒輪與太陽齒輪、內環齒輪之齒數分別爲

$Z_p = 32$，$Z_s = 18$，$Z_i = 82$

內環齒輪之齒底圓直徑，較大徑者

$D_{ri} = D_{ki} + 2_h = (Z_i + 2.5)m$

$\quad = (82 + 2.5)0.75 = 63.375$

因爲內環齒輪係建構於環座之內壁上，

所以內環齒輪之齒底圓直徑再加上兩倍之預計環座內壁厚度，即可訂定本發明創作「100」系列之環座外徑規格。

環座外徑 $\fallingdotseq 63.375 + 2t$（環座內壁厚度）

假設環座內壁厚度爲 3，

環座外徑 $\fallingdotseq 63.375 + 2t \fallingdotseq 63.375 + 2 \times 3 \fallingdotseq 69.375 \fallingdotseq 70$

上述過程，係以一個（組）行星齒輪為計算基礎，如果行星齒輪個數為 X_p，扭矩傳遞接觸係數為 η。

X_p 為 1 時，$T_o = \eta[1 + (Z_i/Z_s)]$
X_p 不為 1 時，$T_o = \eta[1 + (Z_i/Z_s)]X_p$

本發明創作為三個（組）行星齒輪，所以 $X_p = 3$，扭矩增益比為

$$3 \times 5.5 = 16.5$$

也就是說，我們只要設計環座外徑規格為 70 mm 尺度的倍力裝置，本發明創作即可產生扭矩增益比（T_o/T_i）16.5 的功效。當然，這是不考慮摩擦等傳遞功率損失的理論值，真正的扭矩增益比須再乘以功率係數（$\eta < 1$），該值恆小於 1。

4. 因本發明創作主要針對在業界生產製造過程中，待加工零件的強力夾持固定工作。配合實際需要，本發明創作亦須以實際使用之 T 形槽螺栓尺度作說明。

假設使用本發明創作編號 CN-100-24 之倍力裝置：

CN 表示倍力裝置（Clamping nut）。

100 表示使用本產品之建議操作扭矩為 100 Nm。

24 表示使用本產品之螺栓（T 型螺栓）為 M24。

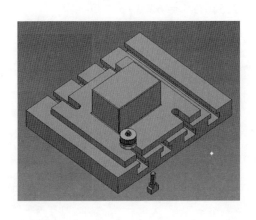

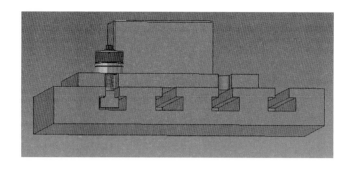

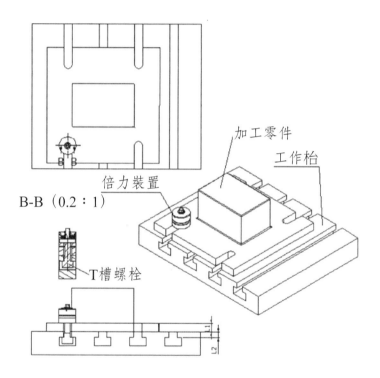

B-B（0.2：1）

倍力裝置

加工零件

工作枱

T槽螺栓

　　T形槽螺栓之長度為使用者之 T 形槽軌槽支撐高度 L_2 及夾緊高度 L_2（假設 T 形槽螺栓之夾緊高度 L_2 為 40，T 形槽上方支撐高度 L_2 為 30）之基本尺寸（40 + 30）加上 T 形槽螺栓鎖緊長度範圍（t 代表 min～max，t 為 25～35 mm，適用 CN-40-100-24 之倍力裝置），所以 T 形槽螺栓之長度為：

(40 + 30) + 25 = 95 mm 至 (40 + 30) + 35 = 105 mm 之間

即 T 形槽螺栓之訂購規格長度必須為 95～105 mm 之間。

T 形槽螺栓之降伏強度為 800 N/mm^2。

練 習 題

1. 有一太陽行星型輪系的內環齒輪齒數為 78，行星齒輪齒數為 24，則太陽齒輪齒數應為多少？

2. 有一太陽行星型輪系的行星齒輪與太陽齒輪、內環齒輪之齒數分別為 $Z_p = 33$，$Z_s = 20$，$Z_i = 86$，使用 1 組行星齒輪，不考慮摩擦等傳遞功率損失，扭矩增益比為多少？

3. 接上題，如果使用 3 組行星齒輪，不考慮摩擦等傳遞功率損失，扭矩增益比為多少？

4. （試作題）如第 3 題之太陽行星型輪系，依本章發明創新例，試自行設計繪製一倍力裝置。

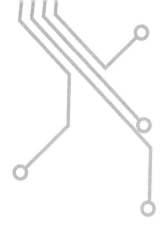

附 錄

A.1 專利法

修正日期：民國 103 年 01 月 22 日

第一章　　總則

第 1 條

為鼓勵、保護、利用發明、新型及設計之創作，以促進產業發展，特制定本法。

第 2 條

本法所稱專利，分為下列三種：
一、發明專利。
二、新型專利。
三、設計專利。

第 3 條

本法主管機關為經濟部。
專利業務，由經濟部指定專責機關辦理。

第 4 條

外國人所屬之國家與中華民國如未共同參加保護專利之國際條約或無相互保護專利之條約、協定或由團體、機構互訂經主管機關核准保護專利之協議，或對中華民國國民申請專利，不予受理者，其專利申請，得不予受理。

第 5 條

專利申請權，指得依本法申請專利之權利。
專利申請權人，除本法另有規定或契約另有約定外，指發明人、新型創作人、設計人或其受讓人或繼承人。

第 6 條

專利申請權及專利權，均得讓與或繼承。
專利申請權，不得為質權之標的。
以專利權為標的設定質權者，除契約另有約定外，質權人不得實施該專利權。

第 7 條

受雇人於職務上所完成之發明、新型或設計，其專利申請權及專利權屬於雇用人，雇用人應支付受雇人適當之報酬。但契約另有約定者，從其約定。
前項所稱職務上之發明、新型或設計，指受雇人於僱傭關係中之工作所完成之發明、新型或設計。
一方出資聘請他人從事研究開發者，其專利申請權及專利權之歸屬依雙方契約約定；契約未約定者，屬於發明人、新型創作人或設計人。但出資人得實施其發明、新型或設計。
依第一項、前項之規定，專利申請權及專利權歸屬於雇用人或出資者，發明人、新型創作人或設計人享有姓名表示權。

第 8 條

受雇人於非職務上所完成之發明、新型或設計,其專利申請權及專利權屬於受雇人。但其發明、新型或設計係利用雇用人資源或經驗者,雇用人得於支付合理報酬後,於該事業實施其發明、新型或設計。

受雇人完成非職務上之發明、新型或設計,應即以書面通知雇用人,如有必要並應告知創作之過程。

雇用人於前項書面通知到達後六個月內,未向受雇人為反對之表示者,不得主張該發明、新型或設計為職務上發明、新型或設計。

第 9 條

前條雇用人與受雇人間所訂契約,使受雇人不得享受其發明、新型或設計之權益者,無效。

第 10 條

雇用人或受雇人對第七條及第八條所定權利之歸屬有爭執而達成協議者,得附具證明文件,向專利專責機關申請變更權利人名義。專利專責機關認有必要時,得通知當事人附具依其他法令取得之調解、仲裁或判決文件。

第 11 條

申請人申請專利及辦理有關專利事項,得委任代理人辦理之。

在中華民國境內,無住所或營業所者,申請專利及辦理專利有關事項,應委任代理人辦理之。

代理人,除法令另有規定外,以專利師為限。

專利師之資格及管理,另以法律定之。

第 12 條

專利申請權為共有者,應由全體共有人提出申請。

二人以上共同為專利申請以外之專利相關程序時,除撤回或拋棄申請案、申請分割、改請或本法另有規定者,應共同連署外,其餘程序各人皆可單獨為之。但約定有代表者,從其約定。

前二項應共同連署之情形,應指定其中一人為應受送達人。未指定應受送達人者,專利專責機關應以第一順序申請人為應受送達人,並應將送達事項通知其他人。

第 13 條

專利申請權為共有時,非經共有人全體之同意,不得讓與或拋棄。

專利申請權共有人非經其他共有人之同意,不得以其應有部分讓與他人。

專利申請權共有人拋棄其應有部分時,該部分歸屬其他共有人。

第 14 條

繼受專利申請權者,如在申請時非以繼受人名義申請專利,或未在申請後向專利專責機關申請變更名義者,不得以之對抗第三人。

為前項之變更申請者,不論受讓或繼承,均應附具證明文件。

第 15 條

專利專責機關職員及專利審查人員於任職期內,除繼承外,不得申請專利及直接、間接受有關專利之任何權益。

專利專責機關職員及專利審查人員對職務上知悉或持有關於專利之發明、新型或設計,或申請人事業上之秘密,有保密之義務,如有違反者,應負相關法律責任。

專利審查人員之資格,以法律定之。

第 16 條

專利審查人員有下列情事之一,應自行迴避:

一、本人或其配偶,為該專利案申請人、專利權人、舉發人、代理人、代理人之合夥人或與代理人有僱傭關係者。

二、現為該專利案申請人、專利權人、舉發人或代理人之四親等內血親,或三親等內姻親。

三、本人或其配偶,就該專利案與申請人、專利權人、舉發人有共同權利人、共同義務人或償還義務人之關係者。

四、現為或曾為該專利案申請人、專利權人、舉發人之法定代理人或家長家屬者。

五、現為或曾為該專利案申請人、專利權人、舉發人之訴訟代理人或輔佐人者。

六、現為或曾為該專利案之證人、鑑定人、異議人或舉發人者。

專利審查人員有應迴避而不迴避之情事者,專利專責機關得依職權或依申請撤銷其所為之處分後,另為適當之處分。

第 17 條

申請人為有關專利之申請及其他程序,遲誤法定或指定之期間者,除本法另有規定外,應不受理。但遲誤指定期間在處分前補正者,仍應受理。

申請人因天災或不可歸責於己之事由,遲誤法定期間者,於其原因消滅後三十日內,得以書面敘明理由,向專利專責機關申請回復原狀。但遲誤法定期間已逾一年者,不得申請回復原狀。

申請回復原狀,應同時補行期間內應為之行為。

前二項規定,於遲誤第二十九條第四項、第五十二條第四項、第七十條第二項、第一百二十條準用第二十九條第四項、第一百二十條準用第五十二條第四項、第一百二十條準用第七十條第二項、第一百四十二條第一項準用第二十九條第四項、第一百四十二條第一項準用第五十二條第四項、第一百四十二條第一項準用第七十條第二項規定之期間者,不適用之。

第 18 條

審定書或其他文件無從送達者,應於專利公報公告之,並於刊登公報後滿三十日,視為已送達。

第 19 條

有關專利之申請及其他程序,得以電子方式為之;其實施辦法,由主管機關定之。

第 20 條

本法有關期間之計算,其始日不計算在內。

第五十二條第三項、第一百十四條及第一百三十五條規定之專利權期限,自申請日當日起算。

第二章　發明專利

第一節　專利要件

第 21 條

發明，指利用自然法則之技術思想之創作。

第 22 條

可供產業上利用之發明，無下列情事之一，得依本法申請取得發明專利：

一、申請前已見於刊物者。

二、申請前已公開實施者。

三、申請前為公眾所知悉者。

發明雖無前項各款所列情事，但為其所屬技術領域中具有通常知識者依申請前之先前技術所能輕易完成時，仍不得取得發明專利。

申請人有下列情事之一，並於其事實發生後六個月內申請，該事實非屬第一項各款或前項不得取得發明專利之情事：

一、因實驗而公開者。

二、因於刊物發表者。

三、因陳列於政府主辦或認可之展覽會者。

四、非出於其本意而洩漏者。

申請人主張前項第一款至第三款之情事者，應於申請時敘明其事實及其年、月、日，並應於專利專責機關指定期間內檢附證明文件。

第 23 條

申請專利之發明，與申請在先而在其申請後始公開或公告之發明或新型專利申請案所附說明書、申請專利範圍或圖式載明之內容相同者，不得取得發明專利。但其申請人與申請在先之發明或新型專利申請案之申請人相同者，不在此限。

第 24 條

下列各款，不予發明專利：

一、動、植物及生產動、植物之主要生物學方法。但微生物學之生產方法，不在此限。

二、人類或動物之診斷、治療或外科手術方法。

三、妨害公共秩序或善良風俗者。

第二節　申請

第 25 條

申請發明專利，由專利申請權人備具申請書、說明書、申請專利範圍、摘要及必要之圖式，向專利專責機關申請之。

申請發明專利，以申請書、說明書、申請專利範圍及必要之圖式齊備之日為申請日。

說明書、申請專利範圍及必要之圖式未於申請時提出中文本，而以外文本提出，且於專利專責機關指定期間內補正中文本者，以外文本提出之日為申請日。

未於前項指定期間內補正中文本者，其申請案不予受理。但在處分前補正者，以補正之日為申請日，外文本視為未提出。

第 26 條

說明書應明確且充分揭露，使該發明所屬技術領域中具有通常知識者，能瞭解其內容，並可據以實現。

申請專利範圍應界定申請專利之發明；其得包括一項以上之請求項，各請求項應以明確、簡潔之方式記載，且必須為說明書所支持。

摘要應敘明所揭露發明內容之概要；其不得用於決定揭露是否充分，及申請專利之發明是否符合專利要件。

說明書、申請專利範圍、摘要及圖式之揭露方式，於本法施行細則定之。

第 27 條

申請生物材料或利用生物材料之發明專利，申請人最遲應於申請日將該生物材料寄存於專利專責機關指定之國內寄存機構。但該生物材料為所屬技術領域中具有通常知識者易於獲得時，不須寄存。

申請人應於申請日後四個月內檢送寄存證明文件，並載明寄存機構、寄存日期及寄存號碼；屆期未檢送者，視為未寄存。

前項期間，如依第二十八條規定主張優先權者，為最早之優先權日後十六個月內。

申請前如已於專利專責機關認可之國外寄存機構寄存，並於第二項或前項規定之期間內，檢送寄存於專利專責機關指定之國內寄存機構之證明文件及國外寄存機構出具之證明文件者，不受第一項最遲應於申請日在國內寄存之限制。

申請人在與中華民國有相互承認寄存效力之外國所指定其國內之寄存機構寄存，並於第二項或第三項規定之期間內，檢送該寄存機構出具之證明文件者，不受應在國內寄存之限制。

第一項生物材料寄存之受理要件、種類、型式、數量、收費費率及其他寄存執行之辦法，由主管機關定之。

第 28 條

申請人就相同發明在與中華民國相互承認優先權之國家或世界貿易組織會員第一次依法申請專利，並於第一次申請專利之日後十二個月內，向中華民國申請專利者，得主張優先權。

申請人於一申請案中主張二項以上優先權時，前項期間之計算以最早之優先權日為準。

外國申請人為非世界貿易組織會員之國民且其所屬國家與中華民國無相互承認優先權者，如於世界貿易組織會員或互惠國領域內，設有住所或營業所，亦得依第一項規定主張優先權。

主張優先權者，其專利要件之審查，以優先權日為準。

第 29 條

依前條規定主張優先權者，應於申請專利同時聲明下列事項：

一、第一次申請之申請日。

二、受理該申請之國家或世界貿易組織會員。

三、第一次申請之申請案號數。

申請人應於最早之優先權日後十六個月內，檢送經前項國家或世界貿易組織會員證明受理之申請文件。

違反第一項第一款、第二款或前項之規定者，視為未主張優先權。

申請人非因故意，未於申請專利同時主張優先權，或依前項規定視為未主張者，得於最早之優先權日後十六個月內，申請回復優先權主張，並繳納申請費與補行第一項及第二項規

定之行為。

第 30 條

申請人基於其在中華民國先申請之發明或新型專利案再提出專利之申請者，得就先申請案申請時說明書、申請專利範圍或圖式所載之發明或新型，主張優先權。但有下列情事之一，不得主張之：

一、自先申請案申請日後已逾十二個月者。

二、先申請案中所記載之發明或新型已經依第二十八條或本條規定主張優先權者。

三、先申請案係第三十四條第一項或第一百零七條第一項規定之分割案，或第一百零八條第一項規定之改請案。

四、先申請案為發明，已經公告或不予專利審定確定者。

五、先申請案為新型，已經公告或不予專利處分確定者。

六、先申請案已經撤回或不受理者。

前項先申請案自其申請日後滿十五個月，視為撤回。

先申請案申請日後逾十五個月者，不得撤回優先權主張。

依第一項主張優先權之後申請案，於先申請案申請日後十五個月內撤回者，視為同時撤回優先權之主張。

申請人於一申請案中主張二項以上優先權時，其優先權期間之計算以最早之優先權日為準。

主張優先權者，其專利要件之審查，以優先權日為準。

依第一項主張優先權者，應於申請專利同時聲明先申請案之申請日及申請案號數；未聲明者，視為未主張優先權。

第 31 條

相同發明有二以上之專利申請案時，僅得就其最先申請者准予發明專利。但後申請者所主張之優先權日早於先申請者之申請日者，不在此限。

前項申請日、優先權日為同日者，應通知申請人協議定之；協議不成時，均不予發明專利。其申請人為同一人時，應通知申請人限期擇一申請；屆期未擇一申請者，均不予發明專利。

各申請人為協議時，專利專責機關應指定相當期間通知申請人申報協議結果；屆期未申報者，視為協議不成。

相同創作分別申請發明專利及新型專利者，除有第三十二條規定之情事外，準用前三項規定。

第 32 條

同一人就相同創作，於同日分別申請發明專利及新型專利者，應於申請時分別聲明；其發明專利核准審定前，已取得新型專利權，專利專責機關應通知申請人限期擇一；申請人未分別聲明或屆期未擇一者，不予發明專利。

申請人依前項規定選擇發明專利者，其新型專利權，自發明專利公告之日消滅。

發明專利審定前，新型專利權已當然消滅或撤銷確定者，不予專利。

第 33 條

申請發明專利，應就每一發明提出申請。

二個以上發明，屬於一個廣義發明概念者，得於一申請案中提出申請。

第 34 條

申請專利之發明，實質上為二個以上之發明時，經專利專責機關通知，或據申請人申請，得為分割之申請。

分割申請應於下列各款之期間內為之：

一、原申請案再審查審定前。

二、原申請案核准審定書送達後三十日內。但經再審查審定者，不得為之。

分割後之申請案，仍以原申請案之申請日為申請日；如有優先權者，仍得主張優先權。

分割後之申請案，不得超出原申請案申請時說明書、申請專利範圍或圖式所揭露之範圍。

依第二項第一款規定分割後之申請案，應就原申請案已完成之程序續行審查。

依第二項第二款規定分割後之申請案，續行原申請案核准審定前之審查程序；原申請案以核准審定時之申請專利範圍及圖式公告之。

第 35 條

發明專利權經專利申請權人或專利申請權共有人，於該專利案公告後二年內，依第七十一條第一項第三款規定提起舉發，並於舉發撤銷確定後二個月內就相同發明申請專利者，以該經撤銷確定之發明專利權之申請日為其申請日。

依前項規定申請之案件，不再公告。

第三節　　審查及再審查

第 36 條

專利專責機關對於發明專利申請案之實體審查，應指定專利審查人員審查之。

第 37 條

專利專責機關接到發明專利申請文件後，經審查認為無不合規定程式，且無應不予公開之情事者，自申請日後經過十八個月，應將該申請案公開之。

專利專責機關得因申請人之申請，提早公開其申請案。

發明專利申請案有下列情事之一，不予公開：

一、自申請日後十五個月內撤回者。

二、涉及國防機密或其他國家安全之機密者。

三、妨害公共秩序或善良風俗者。

第一項、前項期間之計算，如主張優先權者，以優先權日為準；主張二項以上優先權時，以最早之優先權日為準。

第 38 條

發明專利申請日後三年內，任何人均得向專利專責機關申請實體審查。

依第三十四條第一項規定申請分割，或依第一百零八條第一項規定改請為發明專利，逾前項期間者，得於申請分割或改請後三十日內，向專利專責機關申請實體審查。

依前二項規定所為審查之申請，不得撤回。

未於第一項或第二項規定之期間內申請實體審查者，該發明專利申請案，視為撤回。

第 39 條

申請前條之審查者，應檢附申請書。

專利專責機關應將申請審查之事實，刊載於專利公報。

申請審查由發明專利申請人以外之人提起者，專利專責機關應將該項事實通知發明專利申請人。

第 40 條

發明專利申請案公開後，如有非專利申請人為商業上之實施者，專利專責機關得依申請優先審查之。

為前項申請者，應檢附有關證明文件。

第 41 條

發明專利申請人對於申請案公開後，曾經以書面通知發明專利申請內容，而於通知後公告前就該發明仍繼續為商業上實施之人，得於發明專利申請案公告後，請求適當之補償金。

對於明知發明專利申請案已經公開，於公告前就該發明仍繼續為商業上實施之人，亦得為前項之請求。

前二項規定之請求權，不影響其他權利之行使。但依本法第三十二條分別申請發明專利及新型專利，並已取得新型專利權者，僅得在請求補償金或行使新型專利權間擇一主張之。

第一項、第二項之補償金請求權，自公告之日起，二年間不行使而消滅。

第 42 條

專利專責機關於審查發明專利時，得依申請或依職權通知申請人限期為下列各款之行為：

一、至專利專責機關面詢。

二、為必要之實驗、補送模型或樣品。

前項第二款之實驗、補送模型或樣品，專利專責機關認有必要時，得至現場或指定地點勘驗。

第 43 條

專利專責機關於審查發明專利時，除本法另有規定外，得依申請或依職權通知申請人限期修正說明書、申請專利範圍或圖式。

修正，除誤譯之訂正外，不得超出申請時說明書、申請專利範圍或圖式所揭露之範圍。

專利專責機關依第四十六條第二項規定通知後，申請人僅得於通知之期間內修正。

專利專責機關經依前項規定通知後，認有必要時，得為最後通知；其經最後通知者，申請專利範圍之修正，申請人僅得於通知之期間內，就下列事項為之：

一、請求項之刪除。

二、申請專利範圍之減縮。

三、誤記之訂正。

四、不明瞭記載之釋明。

違反前二項規定者，專利專責機關得於審定書敘明其事由，逕為審定。

原申請案或分割後之申請案，有下列情事之一，專利專責機關得逕為最後通知：

一、對原申請案所為之通知，與分割後之申請案已通知之內容相同者。

二、對分割後之申請案所為之通知，與原申請案已通知之內容相同者。

三、對分割後之申請案所為之通知，與其他分割後之申請案已通知之內容相同者。

第 44 條

說明書、申請專利範圍及圖式，依第二十五條第三項規定，以外文本提出者，其外文本不得修正。

依第二十五條第三項規定補正之中文本，不得超出申請時外文本所揭露之範圍。

前項之中文本，其誤譯之訂正，不得超出申請時外文本所揭露之範圍。

第 45 條

發明專利申請案經審查後，應作成審定書送達申請人。

經審查不予專利者，審定書應備具理由。

審定書應由專利審查人員具名。再審查、更正、舉發、專利權期間延長及專利權期間延長舉發之審定書，亦同。

第 46 條

發明專利申請案違反第二十一條至第二十四條、第二十六條、第三十一條、第三十二條第一項、第三項、第三十三條、第三十四條第四項、第四十三條第二項、第四十四條第二項、第三項或第一百零八條第三項規定者，應為不予專利之審定。

專利專責機關為前項審定前，應通知申請人限期申復；屆期未申復者，逕為不予專利之審定。

第 47 條

申請專利之發明經審查認無不予專利之情事者，應予專利，並應將申請專利範圍及圖式公告之。

經公告之專利案，任何人均得申請閱覽、抄錄、攝影或影印其審定書、說明書、申請專利範圍、摘要、圖式及全部檔案資料。但專利專責機關依法應予保密者，不在此限。

第 48 條

發明專利申請人對於不予專利之審定有不服者，得於審定書送達後二個月內備具理由書，申請再審查。但因申請程序不合法或申請人不適格而不受理或駁回者，得逕依法提起行政救濟。

第 49 條

申請案經依第四十六條第二項規定，為不予專利之審定者，其於再審查時，仍得修正說明書、申請專利範圍或圖式。

申請案經審查發給最後通知，而為不予專利之審定者，其於再審查時所為之修正，仍受第四十三條第四項各款規定之限制。但經專利專責機關再審查認原審查程序發給最後通知為不當者，不在此限。

有下列情事之一，專利專責機關得逕為最後通知：

一、再審查理由仍有不予專利之情事者。

二、再審查時所為之修正，仍有不予專利之情事者。

三、依前項規定所為之修正，違反第四十三條第四項各款規定者。

第 50 條

再審查時，專利專責機關應指定未曾審查原案之專利審查人員審查，並作成審定書送達申請人。

第 51 條

發明經審查涉及國防機密或其他國家安全之機密者，應諮詢國防部或國家安全相關機關意見，認有保密之必要者，申請書件予以封存；其經申請實體審查者，應作成審定書送達申

請人及發明人。

申請人、代理人及發明人對於前項之發明應予保密，違反者該專利申請權視為拋棄。

保密期間，自審定書送達申請人後為期一年，並得續行延展保密期間，每次一年；期間屆滿前一個月，專利專責機關應諮詢國防部或國家安全相關機關，於無保密之必要時，應即公開。

第一項之發明經核准審定者，於無保密之必要時，專利專責機關應通知申請人於三個月內繳納證書費及第一年專利年費後，始予公告；屆期未繳費者，不予公告。

就保密期間申請人所受之損失，政府應給與相當之補償。

第四節　　專利權

第 52 條

申請專利之發明，經核准審定者，申請人應於審定書送達後三個月內，繳納證書費及第一年專利年費後，始予公告；屆期未繳費者，不予公告。

申請專利之發明，自公告之日起給予發明專利權，並發證書。

發明專利權期限，自申請日起算二十年屆滿。

申請人非因故意，未於第一項或前條第四項所定期限繳費者，得於繳費期限屆滿後六個月內，繳納證書費及二倍之第一年專利年費後，由專利專責機關公告之。

第 53 條

醫藥品、農藥品或其製造方法發明專利權之實施，依其他法律規定，應取得許可證者，其於專利案公告後取得時，專利權人得以第一次許可證申請延長專利權期間，並以一次為限，且該許可證僅得據以申請延長專利權期間一次。

前項核准延長之期間，不得超過為向中央目的事業主管機關取得許可證而無法實施發明之期間；取得許可證期間超過五年者，其延長期間仍以五年為限。

第一項所稱醫藥品，不及於動物用藥品。

第一項申請應備具申請書，附具證明文件，於取得第一次許可證後三個月內，向專利專責機關提出。但在專利權期間屆滿前六個月內，不得為之。主管機關就延長期間之核定，應考慮對國民健康之影響，並會同中央目的事業主管機關訂定核定辦法。

第 54 條

依前條規定申請延長專利權期間者，如專利專責機關於原專利權期間屆滿時尚未審定者，其專利權期間視為已延長。但經審定不予延長者，至原專利權期間屆滿日止。

第 55 條

專利專責機關對於發明專利權期間延長申請案，應指定專利審查人員審查，作成審定書送達專利權人。

第 56 條

經專利專責機關核准延長發明專利權期間之範圍，僅及於許可證所載之有效成分及用途所限定之範圍。

第 57 條

任何人對於經核准延長發明專利權期間，認有下列情事之一，得附具證據，向專利專責機關舉發之：

一、發明專利之實施無取得許可證之必要者。

二、專利權人或被授權人並未取得許可證。

三、核准延長之期間超過無法實施之期間。

四、延長專利權期間之申請並非專利權人。

五、申請延長之許可證非屬第一次許可證或該許可證曾辦理延長者。

六、以取得許可證所承認之外國試驗期間申請延長專利權時，核准期間超過該外國專利主
　　管機關認許者。

七、核准延長專利權之醫藥品為動物用藥品。

專利權延長經舉發成立確定者，原核准延長之期間，視為自始不存在。但因違反前項第三
款、第六款規定，經舉發成立確定者，就其超過之期間，視為未延長。

第 58 條

發明專利權人，除本法另有規定外，專有排除他人未經其同意而實施該發明之權。

物之發明之實施，指製造、為販賣之要約、販賣、使用或為上述目的而進口該物之行為。

方法發明之實施，指下列各款行為：

一、使用該方法。

二、使用、為販賣之要約、販賣或為上述目的而進口該方法直接製成之物。

發明專利權範圍，以申請專利範圍為準，於解釋申請專利範圍時，並得審酌說明書及圖式。

摘要不得用於解釋申請專利範圍。

第 59 條

發明專利權之效力，不及於下列各款情事：

一、非出於商業目的之未公開行為。

二、以研究或實驗為目的實施發明之必要行為。

三、申請前已在國內實施，或已完成必須之準備者。但於專利申請人處得知其發明後未滿
　　六個月，並經專利申請人聲明保留其專利權者，不在此限。

四、僅由國境經過之交通工具或其裝置。

五、非專利申請權人所得專利權，因專利權人舉發而撤銷時，其被授權人在舉發前，以善
　　意在國內實施或已完成必須之準備者。

六、專利權人所製造或經其同意製造之專利物販賣後，使用或再販賣該物者。上述製造、
　　販賣，不以國內為限。

七、專利權依第七十條第一項第三款規定消滅後，至專利權人依第七十條第二項回復專利
　　權效力並經公告前，以善意實施或已完成必須之準備者。

前項第三款、第五款及第七款之實施人，限於在其原有事業目的之範圍內繼續利用。

第一項第五款之被授權人，因該專利權經舉發而撤銷之後，仍實施時，於收到專利權人書
面通知之日起，應支付專利權人合理之權利金。

第 60 條

發明專利權之效力，不及於以取得藥事法所定藥物查驗登記許可或國外藥物上市許可為目
的，而從事之研究、試驗及其必要行為。

第 61 條

混合二種以上醫藥品而製造之醫藥品或方法，其發明專利權效力不及於依醫師處方箋調劑
之行為及所調劑之醫藥品。

第 62 條

發明專利權人以其發明專利權讓與、信託、授權他人實施或設定質權，非經向專利專責機關登記，不得對抗第三人。

前項授權，得為專屬授權或非專屬授權。

專屬被授權人在被授權範圍內，排除發明專利權人及第三人實施該發明。

發明專利權人為擔保數債權，就同一專利權設定數質權者，其次序依登記之先後定之。

第 63 條

專屬被授權人得將其被授予之權利再授權第三人實施。但契約另有約定者，從其約定。

非專屬被授權人非經發明專利權人或專屬被授權人同意，不得將其被授予之權利再授權第三人實施。

再授權，非經向專利專責機關登記，不得對抗第三人。

第 64 條

發明專利權為共有時，除共有人自己實施外，非經共有人全體之同意，不得讓與、信託、授權他人實施、設定質權或拋棄。

第 65 條

發明專利權共有人非經其他共有人之同意，不得以其應有部分讓與、信託他人或設定質權。

發明專利權共有人拋棄其應有部分時，該部分歸屬其他共有人。

第 66 條

發明專利權人因中華民國與外國發生戰事受損失者，得申請延展專利權五年至十年，以一次為限。但屬於交戰國人之專利權，不得申請延展。

第 67 條

發明專利權人申請更正專利說明書、申請專利範圍或圖式，僅得就下列事項為之：

一、請求項之刪除。

二、申請專利範圍之減縮。

三、誤記或誤譯之訂正。

四、不明瞭記載之釋明。

更正，除誤譯之訂正外，不得超出申請時說明書、申請專利範圍或圖式所揭露之範圍。

依第二十五條第三項規定，說明書、申請專利範圍及圖式以外文本提出者，其誤譯之訂正，不得超出申請時外文本所揭露之範圍。

更正，不得實質擴大或變更公告時之申請專利範圍。

第 68 條

專利專責機關對於更正案之審查，除依第七十七條規定外，應指定專利審查人員審查之，並作成審定書送達申請人。

專利專責機關於核准更正後，應公告其事由。

說明書、申請專利範圍及圖式經更正公告者，溯自申請日生效。

第 69 條

發明專利權人非經被授權人或質權人之同意，不得拋棄專利權，或就第六十七條第一項第一款或第二款事項為更正之申請。

發明專利權為共有時，非經共有人全體之同意，不得就第六十七條第一項第一款或第二款事項為更正之申請。

第 70 條

有下列情事之一者，發明專利權當然消滅：

一、專利權期滿時，自期滿後消滅。

二、專利權人死亡而無繼承人。

三、第二年以後之專利年費未於補繳期限屆滿前繳納者，自原繳費期限屆滿後消滅。

四、專利權人拋棄時，自其書面表示之日消滅。

專利權人非因故意，未於第九十四條第一項所定期限補繳者，得於期限屆滿後一年內，申請回復專利權，並繳納三倍之專利年費後，由專利專責機關公告之。

第 71 條

發明專利權有下列情事之一，任何人得向專利專責機關提起舉發：

一、違反第二十一條至第二十四條、第二十六條、第三十一條、第三十二條第一項、第三項、第三十四條第四項、第四十三條第二項、第四十四條第二項、第三項、第六十七條第二項至第四項或第一百零八條第三項規定者。

二、專利權人所屬國家對中華民國國民申請專利不予受理者。

三、違反第十二條第一項規定或發明專利權人為非發明專利申請權人。

以前項第三款情事提起舉發者，限於利害關係人始得為之。

發明專利權得提起舉發之情事，依其核准審定時之規定。但以違反第三十四條第四項、第四十三條第二項、第六十七條第二項、第四項或第一百零八條第三項規定之情事，提起舉發者，依舉發時之規定。

第 72 條

利害關係人對於專利權之撤銷，有可回復之法律上利益者，得於專利權當然消滅後，提起舉發。

第 73 條

舉發，應備具申請書，載明舉發聲明、理由，並檢附證據。

專利權有二以上之請求項者，得就部分請求項提起舉發。

舉發聲明，提起後不得變更或追加，但得減縮。

舉發人補提理由或證據，應於舉發後一個月內為之。但在舉發審定前提出者，仍應審酌之。

第 74 條

專利專責機關接到前條申請書後，應將其副本送達專利權人。

專利權人應於副本送達後一個月內答辯；除先行申明理由，准予展期者外，屆期未答辯者，逕予審查。

舉發人補提之理由或證據有遲滯審查之虞，或其事證已臻明確者，專利專責機關得逕予審查。

第 75 條

專利專責機關於舉發審查時，在舉發聲明範圍內，得依職權審酌舉發人未提出之理由及證據，並應通知專利權人限期答辯；屆期未答辯者，逕予審查。

第 76 條

專利專責機關於舉發審查時，得依申請或依職權通知專利權人限期為下列各款之行為：

一、至專利專責機關面詢。

二、為必要之實驗、補送模型或樣品。

前項第二款之實驗、補送模型或樣品，專利專責機關認有必要時，得至現場或指定地點勘驗。

第 77 條

舉發案件審查期間，有更正案者，應合併審查及合併審定；其經專利專責機關審查認應准予更正時，應將更正說明書、申請專利範圍或圖式之副本送達舉發人。

同一舉發案審查期間，有二以上之更正案者，申請在先之更正案，視為撤回。

第 78 條

同一專利權有多件舉發案者，專利專責機關認有必要時，得合併審查。

依前項規定合併審查之舉發案，得合併審定。

第 79 條

專利專責機關於舉發審查時，應指定專利審查人員審查，並作成審定書，送達專利權人及舉發人。

舉發之審定，應就各請求項分別為之。

第 80 條

舉發人得於審定前撤回舉發申請。但專利權人已提出答辯者，應經專利權人同意。

專利專責機關應將撤回舉發之事實通知專利權人；自通知送達後十日內，專利權人未為反對之表示者，視為同意撤回。

第 81 條

有下列情事之一，任何人對同一專利權，不得就同一事實以同一證據再為舉發：

一、他舉發案曾就同一事實以同一證據提起舉發，經審查不成立者。

二、依智慧財產案件審理法第三十三條規定向智慧財產法院提出之新證據，經審理認無理由者。

第 82 條

發明專利權經舉發審查成立者，應撤銷其專利權；其撤銷得就各請求項分別為之。

發明專利權經撤銷後，有下列情事之一，即為撤銷確定：

一、未依法提起行政救濟者。

二、提起行政救濟經駁回確定者。

發明專利權經撤銷確定者，專利權之效力，視為自始不存在。

第 83 條

第五十七條第一項延長發明專利權期間舉發之處理，準用本法有關發明專利權舉發之規定。

第 84 條

發明專利權之核准、變更、延長、延展、讓與、信託、授權、強制授權、撤銷、消滅、設定質權、舉發審定及其他應公告事項，應於專利公報公告之。

第 85 條

專利專責機關應備置專利權簿，記載核准專利、專利權異動及法令所定之一切事項。

前項專利權簿，得以電子方式為之，並供人民閱覽、抄錄、攝影或影印。

第 86 條

專利專責機關依本法應公開、公告之事項，得以電子方式為之；其實施日期，由專利專責機關定之。

第五節　強制授權

第 87 條

為因應國家緊急危難或其他重大緊急情況，專利專責機關應依緊急命令或中央目的事業主管機關之通知，強制授權所需專利權，並儘速通知專利權人。

有下列情事之一，而有強制授權之必要者，專利專責機關得依申請強制授權：

一、增進公益之非營利實施。

二、發明或新型專利權之實施，將不可避免侵害在前之發明或新型專利權，且較該在前之發明或新型專利權具相當經濟意義之重要技術改良。

三、專利權人有限制競爭或不公平競爭之情事，經法院判決或行政院公平交易委員會處分。

就半導體技術專利申請強制授權者，以有前項第一款或第三款之情事者為限。

專利權經依第二項第一款或第二款規定申請強制授權者，以申請人曾以合理之商業條件在相當期間內仍不能協議授權者為限。

專利權經依第二項第二款規定申請強制授權者，其專利權人得提出合理條件，請求就申請人之專利權強制授權。

第 88 條

專利專責機關於接到前條第二項及第九十條之強制授權申請後，應通知專利權人，並限期答辯；屆期未答辯者，得逕予審查。

強制授權之實施應以供應國內市場需要為主。但依前條第二項第三款規定強制授權者，不在此限。

強制授權之審定應以書面為之，並載明其授權之理由、範圍、期間及應支付之補償金。

強制授權不妨礙原專利權人實施其專利權。強制授權不得讓與、信託、繼承、授權或設定質權。但有下列情事之一者，不在此限：

一、依前條第二項第一款或第三款規定之強制授權與實施該專利有關之營業，一併讓與、信託、繼承、授權或設定質權。

二、依前條第二項第二款或第五項規定之強制授權與被授權人之專利權，一併讓與、信託、繼承、授權或設定質權。

第 89 條

依第八十七條第一項規定強制授權者，經中央目的事業主管機關認無強制授權之必要時，專利專責機關應依其通知廢止強制授權。

有下列各款情事之一者，專利專責機關得依申請廢止強制授權：

一、作成強制授權之事實變更，致無強制授權之必要。

二、被授權人未依授權之內容適當實施。

三、被授權人未依專利專責機關之審定支付補償金。

第 90 條

為協助無製藥能力或製藥能力不足之國家，取得治療愛滋病、肺結核、瘧疾或其他傳染病所需醫藥品，專利專責機關得依申請，強制授權申請人實施專利權，以供應該國家進口所需醫藥品。依前項規定申請強制授權者，以申請人曾以合理之商業條件在相當期間內仍不能協議授權者為限。但所需醫藥品在進口國已核准強制授權者，不在此限。進口國如為世界貿易組織會員，申請人於依第一項申請時，應檢附進口國已履行下列事項之證明文件：

一、已通知與貿易有關之智慧財產權理事會該國所需醫藥品之名稱及數量。

二、已通知與貿易有關之智慧財產權理事會該國無製藥能力或製藥能力不足，而有作為進口國之意願。但為低度開發國家者，申請人毋庸檢附證明文件。

三、所需醫藥品在該國無專利權，或有專利權但已核准強制授權或即將核准強制授權。

前項所稱低度開發國家，為聯合國所發布之低度開發國家。進口國如非世界貿易組織會員，而為低度開發國家或無製藥能力或製藥能力不足之國家，申請人於依第一項申請時，應檢附進口國已履行下列事項之證明文件：

一、以書面向中華民國外交機關提出所需醫藥品之名稱及數量。

二、同意防止所需醫藥品轉出口。

第 91 條

依前條規定強制授權製造之醫藥品應全部輸往進口國，且授權製造之數量不得超過進口國通知與貿易有關之智慧財產權理事會或中華民國外交機關所需醫藥品之數量。

依前條規定強制授權製造之醫藥品，應於其外包裝依專利專責機關指定之內容標示其授權依據；其包裝及顏色或形狀，應與專利權人或其被授權人所製造之醫藥品足以區別。

強制授權之被授權人應支付專利權人適當之補償金；補償金之數額，由專利專責機關就與所需醫藥品相關之醫藥品專利權於進口國之經濟價值，並參考聯合國所發布之人力發展指標核定之。

強制授權被授權人於出口該醫藥品前，應於網站公開該醫藥品之數量、名稱、目的地及可資區別之特徵。

依前條規定強制授權製造出口之醫藥品，其查驗登記，不受藥事法第四十條之二第二項規定之限制。

第六節　　納費

第 92 條

關於發明專利之各項申請，申請人於申請時，應繳納申請費。

核准專利者，發明專利權人應繳納證書費及專利年費；請准延長、延展專利權期間者，在延長、延展期間內，仍應繳納專利年費。

第 93 條

發明專利年費自公告之日起算，第一年年費，應依第五十二條第一項規定繳納；第二年以後年費，應於屆期前繳納之。

前項專利年費，得一次繳納數年；遇有年費調整時，毋庸補繳其差額。

第 94 條

發明專利第二年以後之專利年費,未於應繳納專利年費之期間內繳費者,得於期滿後六個月內補繳之。但其專利年費之繳納,除原應繳納之專利年費外,應以比率方式加繳專利年費。

前項以比率方式加繳專利年費,指依逾越應繳納專利年費之期間,按月加繳,每逾一個月加繳百分之二十,最高加繳至依規定之專利年費加倍之數額;其逾繳期間在一日以上一個月以內者,以一個月論。

第 95 條

發明專利權人為自然人、學校或中小企業者,得向專利專責機關申請減免專利年費。

第七節 　損害賠償及訴訟

第 96 條

發明專利權人對於侵害其專利權者,得請求除去之。有侵害之虞者,得請求防止之。

發明專利權人對於因故意或過失侵害其專利權者,得請求損害賠償。

發明專利權人為第一項之請求時,對於侵害專利權之物或從事侵害行為之原料或器具,得請求銷毀或為其他必要之處置。

專屬被授權人在被授權範圍內,得為前三項之請求。但契約另有約定者,從其約定。

發明人之姓名表示權受侵害時,得請求表示發明人之姓名或為其他回復名譽之必要處分。

第二項及前項所定之請求權,自請求權人知有損害及賠償義務人時起,二年間不行使而消滅;自行為時起,逾十年者,亦同。

第 97 條

依前條請求損害賠償時,得就下列各款擇一計算其損害:

一、依民法第二百十六條之規定。但不能提供證據方法以證明其損害時,發明專利權人得就其實施專利權通常所可獲得之利益,減除受害後實施同一專利權所得之利益,以其差額為所受損害。

二、依侵害人因侵害行為所得之利益。

三、依授權實施該發明專利所得收取之合理權利金為基礎計算損害。

依前項規定,侵害行為如屬故意,法院得因被害人之請求,依侵害情節,酌定損害額以上之賠償。但不得超過已證明損害額之三倍。

第 97-1 條

專利權人對進口之物有侵害其專利權之虞者,得申請海關先予查扣。

前項申請,應以書面為之,並釋明侵害之事實,及提供相當於海關核估該進口物完稅價格之保證金或相當之擔保。

海關受理查扣之申請,應即通知申請人;如認符合前項規定而實施查扣時,應以書面通知申請人及被查扣人。

被查扣人得提供第二項保證金二倍之保證金或相當之擔保,請求海關廢止查扣,並依有關進口貨物通關規定辦理。

海關在不損及查扣物機密資料保護之情形下,得依申請人或被查扣人之申請,同意其檢視查扣物。

查扣物經申請人取得法院確定判決，屬侵害專利權者，被查扣人應負擔查扣物之貨櫃延滯費、倉租、裝卸費等有關費用。

第 97-2 條

有下列情形之一，海關應廢止查扣：

一、申請人於海關通知受理查扣之翌日起十二日內，未依第九十六條規定就查扣物為侵害物提起訴訟，並通知海關者。

二、申請人就查扣物為侵害物所提訴訟經法院裁判駁回確定者。

三、查扣物經法院確定判決，不屬侵害專利權之物者。

四、申請人申請廢止查扣者。

五、符合前條第四項規定者。

前項第一款規定之期限，海關得視需要延長十二日。

海關依第一項規定廢止查扣者，應依有關進口貨物通關規定辦理。

查扣因第一項第一款至第四款之事由廢止者，申請人應負擔查扣物之貨櫃延滯費、倉租、裝卸費等有關費用。

第 97-3 條

查扣物經法院確定判決不屬侵害專利權之物者，申請人應賠償被查扣人因查扣或提供第九十七條之一第四項規定保證金所受之損害。

申請人就第九十七條之一第四項規定之保證金，被查扣人就第九十七條之一第二項規定之保證金，與質權人有同一權利。但前條第四項及第九十七條之一第六項規定之貨櫃延滯費、倉租、裝卸費等有關費用，優先於申請人或被查扣人之損害受償。

有下列情形之一者，海關應依申請人之申請，返還第九十七條之一第二項規定之保證金：

一、申請人取得勝訴之確定判決，或與被查扣人達成和解，已無繼續提供保證金之必要者。

二、因前條第一項第一款至第四款規定之事由廢止查扣，致被查扣人受有損害後，或被查扣人取得勝訴之確定判決後，申請人證明已定二十日以上之期間，催告被查扣人行使權利而未行使者。

三、被查扣人同意返還者。

有下列情形之一者，海關應依被查扣人之申請，返還第九十七條之一第四項規定之保證金：

一、因前條第一項第一款至第四款規定之事由廢止查扣，或被查扣人與申請人達成和解，已無繼續提供保證金之必要者。

二、申請人取得勝訴之確定判決後，被查扣人證明已定二十日以上之期間，催告申請人行使權利而未行使者。

三、申請人同意返還者。

第 97-4 條

前三條規定之申請查扣、廢止查扣、檢視查扣物、保證金或擔保之繳納、提供、返還之程序、應備文件及其他應遵行事項之辦法，由主管機關會同財政部定之。

第 98 條

專利物上應標示專利證書號數；不能於專利物上標示者，得於標籤、包裝或以其他足以引起他人認識之顯著方式標示之；其未附加標示者，於請求損害賠償時，應舉證證明侵害人明知或可得而知為專利物。

第 99 條

製造方法專利所製成之物在該製造方法申請專利前，為國內外未見者，他人製造相同之物，推定為以該專利方法所製造。

前項推定得提出反證推翻之。被告證明其製造該相同物之方法與專利方法不同者，為已提出反證。被告舉證所揭示製造及營業秘密之合法權益，應予充分保障。

第 100 條

發明專利訴訟案件，法院應以判決書正本一份送專利專責機關。

第 101 條

舉發案涉及侵權訴訟案件之審理者，專利專責機關得優先審查。

第 102 條

未經認許之外國法人或團體，就本法規定事項得提起民事訴訟。

第 103 條

法院為處理發明專利訴訟案件，得設立專業法庭或指定專人辦理。

司法院得指定侵害專利鑑定專業機構。

法院受理發明專利訴訟案件，得囑託前項機構為鑑定。

第三章　　新型專利

第 104 條

新型，指利用自然法則之技術思想，對物品之形狀、構造或組合之創作。

第 105 條

新型有妨害公共秩序或善良風俗者，不予新型專利。

第 106 條

申請新型專利，由專利申請權人備具申請書、說明書、申請專利範圍、摘要及圖式，向專利專責機關申請之。

申請新型專利，以申請書、說明書、申請專利範圍及圖式齊備之日為申請日。

說明書、申請專利範圍及圖式未於申請時提出中文本，而以外文本提出，且於專利專責機關指定期間內補正中文本者，以外文本提出之日為申請日。

未於前項指定期間內補正中文本者，其申請案不予受理。但在處分前補正者，以補正之日為申請日，外文本視為未提出。

第 107 條

申請專利之新型，實質上為二個以上之新型時，經專利專責機關通知，或據申請人申請，得為分割之申請。

分割申請應於原申請案處分前為之。

第 108 條

申請發明或設計專利後改請新型專利者，或申請新型專利後改請發明專利者，以原申請案之申請日為改請案之申請日。

改請之申請，有下列情事之一者，不得為之：

一、原申請案准予專利之審定書、處分書送達後。

二、原申請案為發明或設計，於不予專利之審定書送達後逾二個月。

三、原申請案為新型，於不予專利之處分書送達後逾三十日。

改請後之申請案，不得超出原申請案申請時說明書、申請專利範圍或圖式所揭露之範圍。

第 109 條

專利專責機關於形式審查新型專利時，得依申請或依職權通知申請人限期修正說明書、申請專利範圍或圖式。

第 110 條

說明書、申請專利範圍及圖式，依第一百零六條第三項規定，以外文本提出者，其外文本不得修正。

依第一百零六條第三項規定補正之中文本，不得超出申請時外文本所揭露之範圍。

第 111 條

新型專利申請案經形式審查後，應作成處分書送達申請人。

經形式審查不予專利者，處分書應備具理由。

第 112 條

新型專利申請案，經形式審查認有下列各款情事之一，應為不予專利之處分：

一、新型非屬物品形狀、構造或組合者。

二、違反第一百零五條規定者。

三、違反第一百二十條準用第二十六條第四項規定之揭露方式者。

四、違反第一百二十條準用第三十三條規定者。

五、說明書、申請專利範圍或圖式未揭露必要事項，或其揭露明顯不清楚者。

六、修正，明顯超出申請時說明書、申請專利範圍或圖式所揭露之範圍者。

第 113 條

申請專利之新型，經形式審查認無不予專利之情事者，應予專利，並應將申請專利範圍及圖式公告之。

第 114 條

新型專利權期限，自申請日起算十年屆滿。

第 115 條

申請專利之新型經公告後，任何人得向專利專責機關申請新型專利技術報告。

專利專責機關應將申請新型專利技術報告之事實，刊載於專利公報。

專利專責機關應指定專利審查人員作成新型專利技術報告，並由專利審查人員具名。

專利專責機關對於第一項之申請，應就第一百二十條準用第二十二條第一項第一款、第二項、第一百二十條準用第二十三條、第一百二十條準用第三十一條規定之情事，作成新型專利技術報告。

依第一項規定申請新型專利技術報告，如敘明有非專利權人為商業上之實施，並檢附有關證明文件者，專利專責機關應於六個月內完成新型專利技術報告。

新型專利技術報告之申請，於新型專利權當然消滅後，仍得為之。

依第一項所為之申請，不得撤回。

第 116 條

新型專利權人行使新型專利權時，如未提示新型專利技術報告，不得進行警告。

第 117 條

新型專利權人之專利權遭撤銷時，就其於撤銷前，因行使專利權所致他人之損害，應負賠償責任。但其係基於新型專利技術報告之內容，且已盡相當之注意者，不在此限。

第 118 條

專利專責機關對於更正案之審查，除依第一百二十條準用第七十七條第一項規定外，應為形式審查，並作成處分書送達申請人。

更正，經形式審查認有下列各款情事之一，應為不予更正之處分：

一、有第一百十二條第一款至第五款規定之情事者。

二、明顯超出公告時之申請專利範圍或圖式所揭露之範圍者。

第 119 條

新型專利權有下列情事之一，任何人得向專利專責機關提起舉發：

一、違反第一百零四條、第一百零五條、第一百零八條第三項、第一百十條第二項、第一百二十條準用第二十二條、第一百二十條準用第二十三條、第一百二十條準用第二十六條、第一百二十條準用第三十一條、第一百二十條準用第三十四條第四項、第一百二十條準用第四十三條第二項、第一百二十條準用第四十四條第三項、第一百二十條準用第六十七條第二項至第四項規定者。

二、專利權人所屬國家對中華民國國民申請專利不予受理者。

三、違反第十二條第一項規定或新型專利權人為非新型專利申請權人者。以前項第三款情事提起舉發者，限於利害關係人始得為之。

新型專利權得提起舉發之情事，依其核准處分時之規定。但以違反第一百零八條第三項、第一百二十條準用第三十四條第四項、第一百二十條準用第四十三條第二項或第一百二十條準用第六十七條第二項、第四項規定之情事，提起舉發者，依舉發時之規定。舉發審定書，應由專利審查人員具名。

第 120 條

第二十二條、第二十三條、第二十六條、第二十八條至第三十一條、第三十三條、第三十四條第三項、第四項、第三十五條、第四十三條第二項、第三項、第四十四條第三項、第四十六條第二項、第四十七條第二項、第五十一條、第五十二條第一項、第二項、第四項、第五十八條第一項、第二項、第四項、第五項、第五十九條、第六十二條至第六十五條、第六十七條、第六十八條第二項、第三項、第六十九條、第七十條、第七十二條至第八十二條、第八十四條至第九十八條、第一百條至第一百零三條，於新型專利準用之。

第四章　　設計專利

第 121 條

設計，指對物品之全部或部分之形狀、花紋、色彩或其結合，透過視覺訴求之創作。

應用於物品之電腦圖像及圖形化使用者介面，亦得依本法申請設計專利。

第 122 條

可供產業上利用之設計，無下列情事之一，得依本法申請取得設計專利：

一、申請前有相同或近似之設計，已見於刊物者。

二、申請前有相同或近似之設計，已公開實施者。

三、申請前已為公眾所知悉者。

設計雖無前項各款所列情事，但為其所屬技藝領域中具有通常知識者依申請前之先前技藝易於思及時，仍不得取得設計專利。

申請人有下列情事之一，並於其事實發生後六個月內申請，該事實非屬第一項各款或前項不得取得設計專利之情事：

一、因於刊物發表者。

二、因陳列於政府主辦或認可之展覽會者。

三、非出於其本意而洩漏者。

申請人主張前項第一款及第二款之情事者，應於申請時敘明事實及其年、月、日，並應於專利專責機關指定期間內檢附證明文件。

第 123 條

申請專利之設計，與申請在先而在其申請後始公告之設計專利申請案所附說明書或圖式之內容相同或近似者，不得取得設計專利。但其申請人與申請在先之設計專利申請案之申請人相同者，不在此限。

第 124 條

下列各款，不予設計專利：

一、純功能性之物品造形。

二、純藝術創作。

三、積體電路電路布局及電子電路布局。

四、物品妨害公共秩序或善良風俗者。

第 125 條

申請設計專利，由專利申請權人備具申請書、說明書及圖式，向專利專責機關申請之。

申請設計專利，以申請書、說明書及圖式齊備之日為申請日。

說明書及圖式未於申請時提出中文本，而以外文本提出，且於專利專責機關指定期間內補正中文本者，以外文本提出之日為申請日。

未於前項指定期間內補正中文本者，其申請案不予受理。但在處分前補正者，以補正之日為申請日，外文本視為未提出。

第 126 條

說明書及圖式應明確且充分揭露，使該設計所屬技藝領域中具有通常知識者，能瞭解其內容，並可據以實現。

說明書及圖式之揭露方式，於本法施行細則定之。

第 127 條

同一人有二個以上近似之設計，得申請設計專利及其衍生設計專利。

衍生設計之申請日，不得早於原設計之申請日。

申請衍生設計專利，於原設計專利公告後，不得為之。

同一人不得就與原設計不近似，僅與衍生設計近似之設計申請為衍生設計專利。

第 128 條

相同或近似之設計有二以上之專利申請案時，僅得就其最先申請者，准予設計專利。但後申請者所主張之優先權日早於先申請者之申請日者，不在此限。

前項申請日、優先權日為同日者，應通知申請人協議定之；協議不成時，均不予設計專利。其申請人為同一人時，應通知申請人限期擇一申請；屆期未擇一申請者，均不予設計專利。

各申請人為協議時，專利專責機關應指定相當期間通知申請人申報協議結果；屆期未申報者，視為協議不成。

前三項規定，於下列各款不適用之：

一、原設計專利申請案與衍生設計專利申請案間。

二、同一設計專利申請案有二以上衍生設計專利申請案者，該二以上衍生設計專利申請案間。

第 129 條

申請設計專利，應就每一設計提出申請。

二個以上之物品，屬於同一類別，且習慣上以成組物品販賣或使用者，得以一設計提出申請。

申請設計專利，應指定所施予之物品。

第 130 條

申請專利之設計，實質上為二個以上之設計時，經專利專責機關通知，或據申請人申請，得為分割之申請。

分割申請，應於原申請案再審查審定前為之。

分割後之申請案，應就原申請案已完成之程序續行審查。

第 131 條

申請設計專利後改請衍生設計專利者，或申請衍生設計專利後改請設計專利者，以原申請案之申請日為改請案之申請日。

改請之申請，有下列情事之一者，不得為之：

一、原申請案准予專利之審定書送達後。

二、原申請案不予專利之審定書送達後逾二個月。

改請後之設計或衍生設計，不得超出原申請案申請時說明書或圖式所揭露之範圍。

第 132 條

申請發明或新型專利後改請設計專利者，以原申請案之申請日為改請案之申請日。

改請之申請，有下列情事之一者，不得為之：

一、原申請案准予專利之審定書、處分書送達後。

二、原申請案為發明，於不予專利之審定書送達後逾二個月。

三、原申請案為新型，於不予專利之處分書送達後逾三十日。

改請後之申請案，不得超出原申請案申請時說明書、申請專利範圍或圖式所揭露之範圍。

第 133 條

說明書及圖式，依第一百二十五條第三項規定，以外文本提出者，其外文本不得修正。

第一百二十五條第三項規定補正之中文本，不得超出申請時外文本所揭露之範圍。

第 134 條

設計專利申請案違反第一百二十一條至第一百二十四條、第一百二十六條、第一百二十七條、第一百二十八條第一項至第三項、第一百二十九條第一項、第二項、第一百三十一條第三項、第一百三十二條第三項、第一百三十三條第二項、第一百四十二條第一項準用第三十四條第四項、第一百四十二條第一項準用第四十三條第二項、第一百四十二條第一項準用第四十四條第三項規定者,應為不予專利之審定。

第 135 條

設計專利權期限,自申請日起算十二年屆滿;衍生設計專利權期限與原設計專利權期限同時屆滿。

第 136 條

設計專利權人,除本法另有規定外,專有排除他人未經其同意而實施該設計或近似該設計之權。

設計專利權範圍,以圖式為準,並得審酌說明書。

第 137 條

衍生設計專利權得單獨主張,且及於近似之範圍。

第 138 條

衍生設計專利權,應與其原設計專利權一併讓與、信託、繼承、授權或設定質權。

原設計專利權依第一百四十二條第一項準用第七十條第一項第三款或第四款規定已當然消滅或撤銷確定,其衍生設計專利權有二以上仍存續者,不得單獨讓與、信託、繼承、授權或設定質權。

第 139 條

設計專利權人申請更正專利說明書或圖式,僅得就下列事項為之:

一、誤記或誤譯之訂正。

二、不明瞭記載之釋明。

更正,除誤譯之訂正外,不得超出申請時說明書或圖式所揭露之範圍。

依第一百二十五條第三項規定,說明書及圖式以外文本提出者,其誤譯之訂正,不得超出申請時外文本所揭露之範圍。

更正,不得實質擴大或變更公告時之圖式。

第 140 條

設計專利權人非經被授權人或質權人之同意,不得拋棄專利權。

第 141 條

設計專利權有下列情事之一,任何人得向專利專責機關提起舉發:

一、違反第一百二十一條至第一百二十四條、第一百二十六條、第一百二十七條、第一百二十八條第一項至第三項、第一百三十一條第三項、第一百三十二條第三項、第一百三十三條第二項、第一百三十九條第二項至第四項、第一百四十二條第一項準用第三十四條第四項、第一百四十二條第一項準用第四十三條第二項、第一百四十二條第一項準用第四十四條第三項規定者。

二、專利權人所屬國家對中華民國國民申請專利不予受理者。

三、違反第十二條第一項規定或設計專利權人為非設計專利申請權人者。以前項第三款情事提起舉發者，限於利害關係人始得為之。

設計專利權得提起舉發之情事，依其核准審定時之規定。但以違反第一百三十一條第三項、第一百三十二條第三項、第一百三十九條第二項、第四項、第一百四十二條第一項準用第三十四條第四項或第一百四十二條第一項準用第四十三條第二項規定之情事，提起舉發者，依舉發時之規定。

第 142 條

第二十八條、第二十九條、第三十四條第三項、第四項、第三十五條、第三十六條、第四十二條、第四十三條第一項至第三項、第四十四條第三項、第四十五條、第四十六條第二項、第四十七條、第四十八條、第五十條、第五十二條第一項、第二項、第四項、第五十八條第二項、第五十九條、第六十二條至第六十五條、第六十八條、第七十條、第七十二條、第七十三條第一項、第三項、第四項、第七十四條至第七十八條、第七十九條第一項、第八十條至第八十二條、第八十四條至第八十六條、第九十二條至第九十八條、第一百條至第一百零三條規定，於設計專利準用之。

第二十八條第一項所定期間，於設計專利申請案為六個月。

第二十九條第二項及第四項所定期間，於設計專利申請案為十個月。

第五章　　附則

第 143 條

專利檔案中之申請書件、說明書、申請專利範圍、摘要、圖式及圖說，應由專利專責機關永久保存；其他文件之檔案，最長保存三十年。

前項專利檔案，得以微縮底片、磁碟、磁帶、光碟等方式儲存；儲存紀錄經專利專責機關確認者，視同原檔案，原紙本專利檔案得予銷毀；儲存紀錄之複製品經專利專責機關確認者，推定其為真正。

前項儲存替代物之確認、管理及使用規則，由主管機關定之。

第 144 條

主管機關為獎勵發明、新型或設計之創作，得訂定獎助辦法。

第 145 條

依第二十五條第三項、第一百零六條第三項及第一百二十五條第三項規定提出之外文本，其外文種類之限定及其他應載明事項之辦法，由主管機關定之。

第 146 條

第九十二條、第一百二十條準用第九十二條、第一百四十二條第一項準用第九十二條規定之申請費、證書費及專利年費，其收費辦法由主管機關定之。

第九十五條、第一百二十條準用第九十五條、第一百四十二條第一項準用第九十五條規定之專利年費減免，其減免條件、年限、金額及其他應遵行事項之辦法，由主管機關定之。

第 147 條

中華民國八十三年一月二十三日前所提出之申請案，不得依第五十三條規定，申請延長專利權期間。

第 148 條

本法中華民國八十三年一月二十一日修正施行前，已審定公告之專利案，其專利權期限，適用修正前之規定。但發明專利案，於世界貿易組織協定在中華民國管轄區域內生效之日，專利權仍存續者，其專利權期限，適用修正施行後之規定。

本法中華民國九十二年一月三日修正之條文施行前，已審定公告之新型專利申請案，其專利權期限，適用修正前之規定。

新式樣專利案，於世界貿易組織協定在中華民國管轄區域內生效之日，專利權仍存續者，其專利權期限，適用本法中華民國八十六年五月七日修正之條文施行後之規定。

第 149 條

本法中華民國一百年十一月二十九日修正之條文施行前，尚未審定之專利申請案，除本法另有規定外，適用修正施行後之規定。

本法中華民國一百年十一月二十九日修正之條文施行前，尚未審定之更正案及舉發案，適用修正施行後之規定。

第 150 條

本法中華民國一百年十一月二十九日修正之條文施行前提出，且依修正前第二十九條規定主張優先權之發明或新型專利申請案，其先申請案尚未公告或不予專利之審定或處分尚未確定者，適用第三十條第一項規定。

本法中華民國一百年十一月二十九日修正之條文施行前已審定之發明專利申請案，未逾第三十四條第二項第二款規定之期間者，適用第三十四條第二項第二款及第六項規定。

第 151 條

第二十二條第三項第二款、第一百二十條準用第二十二條第三項第二款、第一百二十一條第一項有關物品之部分設計、第一百二十一條第二項、第一百二十二條第三項第一款、第一百二十七條、第一百二十九條第二項規定，於本法中華民國一百年十一月二十九日修正之條文施行後，提出之專利申請案，始適用之。

第 152 條

本法中華民國一百年十一月二十九日修正之條文施行前，違反修正前第三十條第二項規定，視為未寄存之發明專利申請案，於修正施行後尚未審定者，適用第二十七條第二項之規定；其有主張優先權，自最早之優先權日起仍在十六個月內者，適用第二十七條第三項之規定。

第 153 條

本法中華民國一百年十一月二十九日修正之條文施行前，依修正前第二十八條第三項、第一百零八條準用第二十八條第三項、第一百二十九條第一項準用第二十八條第三項規定，以違反修正前第二十八條第一項、第一百零八條準用第二十八條第一項、第一百二十九條第一項準用第二十八條第一項規定喪失優先權之專利申請案，於修正施行後尚未審定或處分，且自最早之優先權日起，發明、新型專利申請案仍在十六個月內，設計專利申請案仍在十個月內者，適用第二十九條第四項、第一百二十條準用第二十九條第四項、第一百四十二條第一項準用第二十九條第四項之規定。

本法中華民國一百年十一月二十九日修正之條文施行前，依修正前第二十八條第三項、第一百零八條準用第二十八條第三項、第一百二十九條第一項準用第二十八條第三項規定，

以違反修正前第二十八條第二項、第一百零八條準用第二十八條第二項、第一百二十九條第一項準用第二十八條第二項規定喪失優先權之專利申請案，於修正施行後尚未審定或處分，且自最早之優先權日起，發明、新型專利申請案仍在十六個月內，設計專利申請案仍在十個月內者，適用第二十九條第二項、第一百二十條準用第二十九條第二項、第一百四十二條第一項準用第二十九條第二項之規定。

第 154 條

本法中華民國一百年十一月二十九日修正之條文施行前，已提出之延長發明專利權期間申請案，於修正施行後尚未審定，且其發明專利權仍存續者，適用修正施行後之規定。

第 155 條

本法中華民國一百年十一月二十九日修正之條文施行前，有下列情事之一，不適用第五十二條第四項、第七十條第二項、第一百二十條準用第五十二條第四項、第一百二十條準用第七十條第二項、第一百四十二條第一項準用第五十二條第四項、第一百四十二條第一項準用第七十條第二項之規定：

一、依修正前第五十一條第一項、第一百零一條第一項或第一百十三條第一項規定已逾繳費期限，專利權自始不存在者。

二、依修正前第六十六條第三款、第一百零八條準用第六十六條第三款或第一百二十九條第一項準用第六十六條第三款規定，於本法修正施行前，專利權已當然消滅者。

第 156 條

本法中華民國一百年十一月二十九日修正之條文施行前，尚未審定之新式樣專利申請案，申請人得於修正施行後三個月內，申請改為物品之部分設計專利申請案。

第 157 條

本法中華民國一百年十一月二十九日修正之條文施行前，尚未審定之聯合新式樣專利申請案，適用修正前有關聯合新式樣專利之規定。

本法中華民國一百年十一月二十九日修正之條文施行前，尚未審定之聯合新式樣專利申請案，且於原新式樣專利公告前申請者，申請人得於修正施行後三個月內申請改為衍生設計專利申請案。

第 158 條

本法施行細則，由主管機關定之。

第 159 條

本法之施行日期，由行政院定之。本法中華民國一百零二年五月三十一日修正之條文，自公布日施行。

A.2 專利法施行細則

修正日期：民國 103 年 11 月 06 日第一章總則

第 1 條

本細則依專利法（以下簡稱本法）第一百五十八條規定訂定之。

第 2 條

依本法及本細則所為之申請，除依本法第十九條規定以電子方式為之者外，應以書面提出，並由申請人簽名或蓋章；委任有代理人者，得僅由代理人簽名或蓋章。專利專責機關認有必要時，得通知申請人檢附身分證明或法人證明文件。

依本法及本細則所為之申請，以書面提出者，應使用專利專責機關指定之書表；其格式及份數，由專利專責機關定之。

第 3 條

技術用語之譯名經國家教育研究院編譯者，應以該譯名為原則；未經該院編譯或專利專責機關認有必要時，得通知申請人附註外文原名。

申請專利及辦理有關專利事項之文件，應用中文；證明文件為外文者，專利專責機關認有必要時，得通知申請人檢附中文譯本或節譯本。

第 4 條

依本法及本細則所定應檢附之證明文件，以原本或正本為之。

原本或正本，除優先權證明文件外，經當事人釋明與原本或正本相同者，得以影本代之。但舉發證據為書證影本者，應證明與原本或正本相同。

原本或正本，經專利專責機關驗證無訛後，得予發還。

第 5 條

專利之申請及其他程序，以書面提出者，應以書件到達專利專責機關之日為準；如係郵寄者，以郵寄地郵戳所載日期為準。

郵戳所載日期不清晰者，除由當事人舉證外，以到達專利專責機關之日為準。

第 6 條

依本法及本細則指定之期間，申請人得於指定期間屆滿前，敘明理由向專利專責機關申請延展。

第 7 條

申請人之姓名或名稱、印章、住居所或營業所變更時，應檢附證明文件向專利專責機關申請變更。但其變更無須以文件證明者，免予檢附。

第 8 條

因繼受專利申請權申請變更名義者，應備具申請書，並檢附下列文件：

一、因受讓而變更名義者，其受讓專利申請權之契約或讓與證明文件。但公司因併購而承受者，為併購之證明文件。

二、因繼承而變更名義者，其死亡及繼承證明文件。

第 9 條

申請人委任代理人者，應檢附委任書，載明代理之權限及送達處所。

有關專利之申請及其他程序委任代理人辦理者，其代理人不得逾三人。

代理人有二人以上者，均得單獨代理申請人。

違反前項規定而為委任者，其代理人仍得單獨代理。

申請人變更代理人之權限或更換代理人時，非以書面通知專利專責機關，對專利專責機關不生效力。

代理人之送達處所變更時，應向專利專責機關申請變更。

第 10 條

代理人就受委任之權限內有為一切行為之權。但選任或解任代理人、撤回專利申請案、撤回分割案、撤回改請案、撤回再審查申請、撤回更正申請、撤回舉發案或拋棄專利權，非受特別委任，不得為之。

第 11 條

申請文件不符合法定程式而得補正者，專利專責機關應通知申請人限期補正；屆期末補正或補正仍不齊備者，依本法第十七條第一項規定辦理。

第 12 條

依本法第十七條第二項規定，申請回復原狀者，應敘明遲誤期間之原因及其消滅日期，並檢附證明文件向專利專責機關為之。

第二章　發明專利之申請及審查

第 13 條

本法第二十二條所稱申請前及第二十三條所稱申請在先，如依本法第二十八條第一項或第三十條第一項規定主張優先權者，指該優先權日前。

本法第二十二條所稱刊物，指向公眾公開之文書或載有資訊之其他儲存媒體。

本法第二十二條第三項所定之六個月，自同條項第一款至第四款所定事實發生之次日起算至本法第二十五條第二項規定之申請日止。

第 14 條

本法第二十二條、第二十六條及第二十七所稱所屬技術領域中具有通常知識者，指具有申請時該發明所屬技術領域之一般知識及普通技能之人。

前項所稱申請時，如依本法第二十八條第一項或第三十條第一項規定主張優先權者，指該優先權日。

第 15 條

因繼承、受讓、僱傭或出資關係取得專利申請權之人，就其被繼承人、讓與人、受雇人或受聘人在申請前之公開行為，適用本法第二十二條第三項規定。

第 16 條

申請發明專利者，其申請書應載明下列事項：

一、發明名稱。

二、發明人姓名、國籍。

三、申請人姓名或名稱、國籍、住居所或營業所；有代表人者，並應載明代表人姓名。

四、委任代理人者，其姓名、事務所。

有下列情事之一，並應於申請時敘明之：

一、主張本法第二十二條第三項第一款至第三款規定之事實者。

二、主張本法第二十八條第一項規定之優先權者。

三、主張本法第三十條第一項規定之優先權者。

四、聲明本法第三十二條第一項規定之同一人於同日分別申請發明專利及新型專利者。

申請人有多次本法第二十二條第三項第一款至第三款所定之事實者，應於申請時敘明各次事實。但各次事實有密不可分之關係者，得僅敘明最早發生之事實。

依前項規定聲明各次事實者，本法第二十二條第三項規定期間之計算，以最早之事實發生日為準。

第 17 條

申請發明專利者，其說明書應載明下列事項：

一、發明名稱。

二、技術領域。

三、先前技術：申請人所知之先前技術，並得檢送該先前技術之相關資料。

四、發明內容：發明所欲解決之問題、解決問題之技術手段及對照先前技術之功效。

五、圖式簡單說明：有圖式者，應以簡明之文字依圖式之圖號順序說明圖式。

六、實施方式：記載一個以上之實施方式，必要時得以實施例說明；有圖式者，應參照圖式加以說明。

七、符號說明：有圖式者，應依圖號或符號順序列出圖式之主要符號並加以說明。

說明書應依前項各款所定順序及方式撰寫，並附加標題。但發明之性質以其他方式表達較為清楚者，不在此限。

說明書得於各段落前，以置於中括號內之連續四位數之阿拉伯數字編號依序排列，以明確識別每一段落。

發明名稱，應簡明表示所申請發明之內容，不得冠以無關之文字。

申請生物材料或利用生物材料之發明專利，其生物材料已寄存者，應於說明書載明寄存機構、寄存日期及寄存號碼。申請前已於國外寄存機構寄存者，並應載明國外寄存機構、寄存日期及寄存號碼。

發明專利包含一個或多個核酸或胺基酸序列者，說明書應包含依專利專責機關訂定之格式單獨記載之序列表，並得檢送相符之電子資料。

第 18 條

發明之申請專利範圍，得以一項以上之獨立項表示；其項數應配合發明之內容；必要時，得有一項以上之附屬項。獨立項、附屬項，應以其依附關係，依序以阿拉伯數字編號排列。

獨立項應敘明申請專利之標的名稱及申請人所認定之發明之必要技術特徵。

附屬項應敘明所依附之項號，並敘明標的名稱及所依附請求項外之技術特徵，其依附之項號並應以阿拉伯數字為之；於解釋附屬項時，應包含所依附請求項之所有技術特徵。

依附於二項以上之附屬項為多項附屬項，應以選擇式為之。

附屬項僅得依附在前之獨立項或附屬項。但多項附屬項間不得直接或間接依附。

獨立項或附屬項之文字敘述，應以單句為之。

第 19 條

請求項之技術特徵，除絕對必要外，不得以說明書之頁數、行數或圖式、圖式中之符號予以界定。

請求項之技術特徵得引用圖式中對應之符號，該符號應附加於對應之技術特徵後，並置於括號內；該符號不得作為解釋請求項之限制。

請求項得記載化學式或數學式，不得附有插圖。

複數技術特徵組合之發明，其請求項之技術特徵，得以手段功能用語或步驟功能用語表示。於解釋請求項時，應包含說明書中所敘述對應於該功能之結構、材料或動作及其均等範圍。

第 20 條

獨立項之撰寫，以二段式為之者，前言部分應包含申請專利之標的名稱及與先前技術共有之必要技術特徵；特徵部分應以「其特徵在於」、「其改良在於」或其他類似用語，敘明有別於先前技術之必要技術特徵。

解釋獨立項時，特徵部分應與前言部分所述之技術特徵結合。

第 21 條

摘要，應簡要敘明發明所揭露之內容，並以所欲解決之問題、解決問題之技術手段及主要用途為限；其字數，以不超過二百五十字為原則；有化學式者，應揭示最能顯示發明特徵之化學式。

摘要，不得記載商業性宣傳用語。摘要不符合前二項規定者，專利專責機關得通知申請人限期修正，或依職權修正後通知申請人。

申請人應指定最能代表該發明技術特徵之圖為代表圖，並列出其主要符號，簡要加以說明。未依前項規定指定或指定之代表圖不適當者，專利專責機關得通知申請人限期補正，或依職權指定或刪除後通知申請人。

第 22 條

說明書、申請專利範圍及摘要中之技術用語及符號應一致。

前項之說明書、申請專利範圍及摘要，應以打字或印刷為之。

說明書、申請專利範圍及摘要以外文本提出者，其補正之中文本，應提供正確完整之翻譯。

第 23 條

發明之圖式，應參照工程製圖方法以墨線繪製清晰，於各圖縮小至三分之二時，仍得清晰分辨圖式中各項細節。

圖式應註明圖號及符號，並依圖號順序排列，除必要註記外，不得記載其他說明文字。

第 24 條

發明專利申請案之說明書有部分缺漏或圖式有缺漏之情事，而經申請人補正者，以補正之日為申請日。但有下列情事之一者，仍以原提出申請之日為申請日：

一、補正之說明書或圖式已見於主張優先權之先申請案。

二、補正之說明書或圖式，申請人於專利專責機關確認申請日之處分書送達後三十日內撤回。

前項之說明書或圖式以外文本提出者，亦同。

第 25 條

本法第二十八條第一項所定之十二個月,自在與中華民國相互承認優先權之國家或世界貿易組織會員第一次申請日之次日起算至本法第二十五條第二項規定之申請日止。

本法第三十條第一項第一款所定之十二個月,自先申請案申請日之次日起算至本法第二十五條第二項規定之申請日止。

第 26 條

依本法第二十九條第二項規定檢送之優先權證明文件應為正本。

申請人於本法第二十九條第二項規定期間內檢送之優先權證明文件為影本者,專利專責機關應通知申請人限期補正與該影本為同一文件之正本;屆期未補正或補正仍不齊備者,依本法第二十九條第三項規定,視為未主張優先權。但其正本已向專利專責機關提出者,得以載明正本所依附案號之影本代之。

第一項優先權證明文件,經專利專責機關與該國家或世界貿易組織會員之專利受理機關已為電子交換者,視為申請人已提出。

第 26-1 條

依本法第三十條第一項規定主張優先權者,如同時或先後亦就其先申請案依本法規定繳納證書費及第一年專利年費,專利專責機關應通知申請人限期撤回其後申請案之優先權主張或先申請案之領證申請;屆期未擇一撤回者,其先申請案不予公告,並通知申請人得申請退還證書費及第一年專利年費。

第 26-2 條

本法第三十二條第一項所稱同日,指發明專利及新型專利分別依本法第二十五條第二項及第一百零六條第二項規定之申請日相同;若主張優先權,其優先權日亦須相同。

本法第三十二條第一項所定申請人未分別聲明,包括於發明專利申請案及新型專利申請案中皆未聲明,或其中一申請案未聲明之情形。

本法第三十二條之新型專利權,如於發明專利核准審定後公告前,發生已當然消滅或撤銷確定之情形者,發明專利不予公告。

第 27 條

本法第三十三條第二項所稱屬於一個廣義發明概念者,指二個以上之發明,於技術上相互關聯。

前項技術上相互關聯之發明,應包含一個或多個相同或對應之特別技術特徵。

前項所稱特別技術特徵,指申請專利之發明整體對於先前技術有所貢獻之技術特徵。

二個以上之發明於技術上有無相互關聯之判斷,不因其於不同之請求項記載或於單一請求項中以擇一形式記載而有差異。

第 28 條

發明專利申請案申請分割者,應就每一分割案,備具申請書,並檢附下列文件:

一、說明書、申請專利範圍、摘要及圖式。

二、原申請案有主張本法第二十二條第三項規定之事實者,其證明文件。

三、申請生物材料或利用生物材料之發明專利者,其寄存證明文件。

有下列情事之一,並應於每一分割申請案申請時敘明之:

一、主張本法第二十二條第三項第一款至第三款規定之情事者。

二、主張本法第二十八條第一項規定之優先權者。

三、主張本法第三十條第一項規定之優先權者。分割申請，不得變更原申請案之專利種類。

第 29 條

依本法第三十四條第二項第二款規定於原申請案核准審定後申請分割者，應自其說明書或圖式所揭露之發明且非屬原申請案核准審定之申請專利範圍，申請分割。

前項之分割申請，其原申請案經核准審定之說明書、申請專利範圍或圖式不得變動。

第 30 條

依本法第三十五條規定申請專利者，應備具申請書，並檢附舉發撤銷確定證明文件。

第 31 條

專利專責機關公開發明專利申請案時，應將下列事項公開之：

一、申請案號。

二、公開編號。

三、公開日。

四、國際專利分類。

五、申請日。

六、發明名稱。

七、發明人姓名。

八、申請人姓名或名稱、住居所或營業所。

九、委任代理人者，其姓名。

十、摘要。

十一、最能代表該發明技術特徵之圖式及其符號說明。

十二、主張本法第二十八條第一項優先權之各第一次申請專利之國家或世界貿易組織會員、申請案號及申請日。

十三、主張本法第三十條第一項優先權之各申請案號及申請日。

十四、有無申請實體審查。

第 32 條

發明專利申請案申請實體審查者，應備具申請書，載明下列事項：

一、申請案號。

二、發明名稱。

三、申請實體審查者之姓名或名稱、國籍、住居所或營業所；有代表人者，並應載明代表人姓名。

四、委任代理人者，其姓名、事務所。

五、是否為專利申請人。

第 33 條

發明專利申請案申請優先審查者，應備具申請書，載明下列事項：

一、申請案號及公開編號。

二、發明名稱。

三、申請優先審查者之姓名或名稱、國籍、住居所或營業所；有代表人者，並應載明代表人姓名。

四、委任代理人者，其姓名、事務所。

五、是否為專利申請人。

六、發明專利申請案之商業上實施狀況；有協議者，其協議經過。

申請優先審查之發明專利申請案尚未申請實體審查者，並應依前條規定申請實體審查。依本法第四十條第二項規定應檢附之有關證明文件，為廣告目錄、其他商業上實施事實之書面資料或本法第四十一條第一項規定之書面通知。

第 34 條

專利專責機關通知面詢、實驗、補送模型或樣品、修正說明書、申請專利範圍或圖式，屆期未辦理或未依通知內容辦理者，專利專責機關得依現有資料續行審查。

第 35 條

說明書、申請專利範圍或圖式之文字或符號有明顯錯誤者，專利專責機關得依職權訂正，並通知申請人。

第 36 條

發明專利申請案申請修正說明書、申請專利範圍或圖式者，應備具申請書，並檢附下列文件：

一、修正部分劃線之說明書或申請專利範圍修正頁；其為刪除原內容者，應劃線於刪除之文字上；其為新增內容者，應劃線於新增之文字下方。但刪除請求項者，得以文字加註為之。

二、修正後無劃線之說明書、申請專利範圍或圖式替換頁；如修正後致說明書、申請專利範圍或圖式之頁數、項號或圖號不連續者，應檢附修正後之全份說明書、申請專利範圍或圖式。

前項申請書，應載明下列事項：

一、修正說明書者，其修正之頁數、段落編號與行數及修正理由。

二、修正申請專利範圍者，其修正之請求項及修正理由。

三、修正圖式者，其修正之圖號及修正理由。

修正申請專利範圍者，如刪除部分請求項，其他請求項之項號，應依序以阿拉伯數字編號重行排列；修正圖式者，如刪除部分圖式，其他圖之圖號，應依圖號順序重行排列。發明專利申請案經專利專責機關為最後通知者，第二項第二款之修正理由應敘明本法第四十三條第四項各款規定之事項。

第 37 條

因誤譯申請訂正說明書、申請專利範圍或圖式者，應備具申請書，並檢附下列文件：

一、訂正部分劃線之說明書或申請專利範圍訂正頁；其為刪除原內容者，應劃線於刪除之文字上；其為新增內容者，應劃線於新增加之文字下方。

二、訂正後無劃線之說明書、申請專利範圍或圖式替換頁。

前項申請書，應載明下列事項：

一、訂正說明書者，其訂正之頁數、段落編號與行數、訂正理由及對應外文本之頁數、段落編號與行數。

二、訂正申請專利範圍者，其訂正之請求項、訂正理由及對應外文本之請求項之項號。

三、訂正圖式者，其訂正之圖號、訂正理由及對應外文本之圖號。

第 38 條

發明專利申請案同時申請誤譯訂正及修正說明書、申請專利範圍或圖式者，得分別提出訂正及修正申請，或以訂正申請書分別載明其訂正及修正事項為之。

發明專利同時申請誤譯訂正及更正說明書、申請專利範圍或圖式者，亦同。

第 39 條

發明專利申請案公開後至審定前，任何人認該發明應不予專利時，得向專利專責機關陳述意見，並得附具理由及相關證明文件。

第三章　新型專利之申請及審查

第 40 條

新型專利申請案之說明書有部分缺漏或圖式有缺漏之情事，而經申請人補正者，以補正之日為申請日。但有下列情事之一者，仍以原提出申請之日為申請日：

一、補正之說明書或圖式已見於主張優先權之先申請案。

二、補正之說明書或部分圖式，申請人於專利專責機關確認申請日之處分書送達後三十日內撤回。

前項之說明書或圖式以外文本提出者，亦同。

第 41 條

本法第一百二十條準用第二十八條第一項所定之十二個月，自在與中華民國相互承認優先權之國家或世界貿易組織會員第一次申請日之次日起算至本法第一百零六條第二項規定之申請日止。

本法第一百二十條準用第三十條第一項第一款所定之十二個月，自先申請案申請日之次日起算至本法第一百零六條第二項規定之申請日止。

第 42 條

依本法第一百十五條第一項規定申請新型專利技術報告者，應備具申請書，載明下列事項：

一、申請案號。

二、新型名稱。

三、申請新型專利技術報告者之姓名或名稱、國籍、住居所或營業所；有代表人者，並應載明代表人姓名。

四、委任代理人者，其姓名、事務所。

五、是否為專利權人。

第 43 條

依本法第一百十五條第五項規定檢附之有關證明文件，為專利權人對為商業上實施之非專利權人之書面通知、廣告目錄或其他商業上實施事實之書面資料。

第 44 條

新型專利技術報告應載明下列事項：

一、新型專利證書號數。

二、申請案號。

三、申請日。

四、優先權日。

五、技術報告申請日。

六、新型名稱

七、專利權人姓名或名稱、住居所或營業所。

八、申請新型專利技術報告者之姓名或名稱。

九、委任代理人者，其姓名。

十、專利審查人員姓名。

十一、國際專利分類。

十二、先前技術資料範圍。

十三、比對結果。

第 45 條

第十三條至第二十三條、第二十六條至第二十八條、第三十條、第三十四條至第三十八條規定，於新型專利準用之。

第四章　設計專利之申請及審查

第 46 條

本法第一百二十二條所稱申請前及第一百二十三條所稱申請在先，如依本法第一百四十二條第一項準用第二十八條第一項規定主張優先權者，指該優先權日前。

本法第一百二十二條所稱刊物，指向公眾公開之文書或載有資訊之其他儲存媒體。

本法第一百二十二條第三項所定之六個月，自同條項第一款至第三款所定事實發生之次日起算至本法第一百二十五條第二項規定之申請日止。

第 47 條

本法第一百二十二條及第一百二十六條所稱所屬技藝領域中具有通常知識者，指具有申請時該設計所屬技藝領域之一般知識及普通技能之人。

前項所稱申請時，如依本法第一百四十二條第一項準用第二十八條第一項規定主張優先權者，指該優先權日。

第 48 條

因繼承、受讓、僱傭或出資關係取得專利申請權之人，就其被繼承人、讓與人、受僱人或受聘人在申請前之公開行為，適用本法第一百二十二條第三項規定。

第 49 條

申請設計專利者，其申請書應載明下列事項：

一、設計名稱。

二、設計人姓名、國籍。

三、申請人姓名或名稱、國籍、住居所或營業所；有代表人者，並應載明代表人姓名。

四、委任代理人者，其姓名、事務所。

有下列情事之一，並應於申請時敘明之：

一、主張本法第一百二十二條第三項第一款或第二款規定之事實者。

二、主張本法第一百四十二條第一項準用第二十八條第一項規定之優先權者。

申請衍生設計專利者，除前二項規定事項外，並應於申請書載明原設計申請案號。

申請人有多次本法第一百二十二條第三項第一款或第二款所定之事實者,應於申請時敘明各次事實。但各次事實有密不可分之關係者,得僅敘明最早發生之事實。

依前項規定聲明各次事實者,本法第一百二十二條第三項規定期間之計算,以最早之事實發生日為準。

第 50 條

申請設計專利者,其說明書應載明下列事項:

一、設計名稱。

二、物品用途。

三、設計說明。

說明書應依前項各款所定順序及方式撰寫,並附加標題。但前項第二款或第三款已於設計名稱或圖式表達清楚者,得不記載。

第 51 條

設計名稱,應明確指定所施予之物品,不得冠以無關之文字。

物品用途,指用以輔助說明設計所施予物品之使用、功能等敘述。

設計說明,指用以輔助說明設計之形狀、花紋、色彩或其結合等敘述。其有下列情事之一,應敘明之:

一、圖式揭露內容包含不主張設計之部分。

二、應用於物品之電腦圖像及圖形化使用者介面設計有連續動態變化者,應敘明變化順序。

三、各圖間因相同、對稱或其他事由而省略者。

有下列情事之一,必要時得於設計說明簡要敘明之:

一、有因材料特性、機能調整或使用狀態之變化,而使設計之外觀產生變化者。

二、有輔助圖或參考圖者。

三、以成組物品設計申請專利者,其各構成物品之名稱。

第 52 條

說明書所載之設計名稱、物品用途、設計說明之用語應一致。

前項之說明書,應以打字或印刷為之。

依本法第一百二十五條第三項規定提出之外文本,其說明書應提供正確完整之翻譯。

第 53 條

設計之圖式,應備具足夠之視圖,以充分揭露所主張設計之外觀;設計為立體者,應包含立體圖;設計為連續平面者,應包含單元圖。

前項所稱之視圖,得為立體圖、前視圖、後視圖、左側視圖、右側視圖、俯視圖、仰視圖、平面圖、單元圖或其他輔助圖。

圖式應參照工程製圖方法,以墨線圖、電腦繪圖或以照片呈現,於各圖縮小至三分之二時,仍得清晰分辨圖式中各項細節。

主張色彩者,前項圖式應呈現其色彩。

圖式中主張設計之部分與不主張設計之部分,應以可明確區隔之表示方式呈現。

標示為參考圖者,不得用於解釋設計專利權範圍。

第 54 條

設計之圖式,應標示各圖名稱,並指定立體圖或最能代表該設計之圖為代表圖。

未依前項規定指定或指定之代表圖不適當者，專利專責機關得通知申請人限期補正，或依職權指定後通知申請人。

第 55 條

設計專利申請案之說明書或圖式有部分缺漏之情事，而經申請人補正者，以補正之日為申請日。

但有下列情事之一者，仍以原提出申請之日為申請日：

一、補正之說明書或圖式已見於主張優先權之先申請案。

二、補正之說明書或圖式，申請人於專利專責機關確認申請日之處分書送達後三十日內撤回。

前項之說明書或圖式以外文本提出者，亦同。

第 56 條

本法第一百四十二條第二項所定之六個月，自在與中華民國相互承認優先權之國家或世界貿易組織會員第一次申請日之次日起算至本法第一百二十五條第二項規定之申請日止。

第 57 條

本法第一百二十九條第二項所稱同一類別，指國際工業設計分類表同一大類之物品。

第 58 條

設計專利申請案申請分割者，應就每一分割案，備具申請書，並檢附下列文件：

一、說明書及圖式。

二、原申請案有主張本法第一百二十二條第三項規定之事實者，其證明文件。

有下列情事之一，並應於每一分割申請案申請時敘明之：

一、主張本法第一百二十二條第三項第一款、第二款規定之事實者。

二、主張本法第一百四十二條第一項準用第二十八條第一項規定之優先權者。

分割申請，不得變更原申請案之專利種類。

第 59 條

設計專利申請案申請修正說明書或圖式者，應備具申請書，並檢附下列文件：

一、修正部分劃線之說明書修正頁；其為刪除原內容者，應劃線於刪除之文字上；其為新增內容者，應劃線於新增之文字下方。

二、修正後無劃線之全份說明書或圖式。

前項申請書，應載明下列事項：

一、修正說明書者，其修正之頁數與行數及修正理由。

二、修正圖式者，其修正之圖式名稱及修正理由。

第 60 條

因誤譯申請訂正說明書或圖式者，應備具申請書，並檢附下列文件：

一、訂正部分劃線之說明書訂正頁；其為刪除原內容者，應劃線於刪除之文字上；其為新增內容者，應劃線於新增加之文字下方。

二、訂正後無劃線之全份說明書或圖式。

前項申請書，應載明下列事項：

一、訂正說明書者，其訂正之頁數與行數、訂正理由及對應外文本之頁數與行數。

二、訂正圖式者，其訂正之圖式名稱、訂正理由及對應外文本之圖式名稱。

第 61 條

第二十六條、第三十條、第三十四條、第三十五條及第三十八條規定，於設計專利準用之。
本章之規定，適用於衍生設計專利。

第五章　專利權

第 62 條

本法第五十九條第一項第三款、第九十九條第一項所定申請前，於依本法第二十八條第一
項或第三十條第一項規定主張優先權者，指該優先權日前。

第 63 條

申請專利權讓與登記者，應由原專利權人或受讓人備具申請書，並檢附讓與契約或讓與證
明文件。

公司因併購申請承受專利權登記者，前項應檢附文件，為併購之證明文件。

第 64 條

申請專利權信託登記者，應由原專利權人或受託人備具申請書，並檢附下列文件：

一、申請信託登記者，其信託契約或證明文件。

二、信託關係消滅，專利權由委託人取得時，申請信託塗銷登記者，其信託契約或信託關
　　係消滅證明文件。

三、信託關係消滅，專利權歸屬於第三人時，申請信託歸屬登記者，其信託契約或信託歸
　　屬證明文件。

四、申請信託登記其他變更事項者，其變更證明文件。

第 65 條

申請專利權授權登記者，應由專利權人或被授權人備具申請書，並檢附下列文件：

一、申請授權登記者，其授權契約或證明文件。

二、申請授權變更登記者，其變更證明文件。

三、申請授權塗銷登記者，被授權人出具之塗銷登記同意書、法院判決書及判決確定證明
　　書或依法與法院確定判決有同一效力之證明文件。但因授權期間屆滿而消滅者，免予
　　檢附。

前項第一款之授權契約或證明文件，應載明下列事項：

一、發明、新型或設計名稱或其專利證書號數。

二、授權種類、內容、地域及期間。

專利權人就部分請求項授權他人實施者，前項第二款之授權內容應載明其請求項次。

第二項第二款之授權期間，以專利權期間為限。

第 66 條

申請專利權再授權登記者，應由原被授權人或再被授權人備具申請書，並檢附下列文件：

一、申請再授權登記者，其再授權契約或證明文件。

二、申請再授權變更登記者，其變更證明文件。

三、申請再授權塗銷登記者，再被授權人出具之塗銷登記同意書、法院判決書及判決確定
　　證明書或依法與法院確定判決有同一效力之證明文件。但因原授權或再授權期間屆滿

而消滅者，免予檢附。

前項第一款之再授權契約或證明文件應載明事項，準用前條第二項之規定。

再授權範圍，以原授權之範圍為限。

第 67 條

申請專利權質權登記者，應由專利權人或質權人備具申請書及專利證書，並檢附下列文件：

一、申請質權設定登記者，其質權設定契約或證明文件。

二、申請質權變更登記者，其變更證明文件。

三、申請質權塗銷登記者，其債權清償證明文件、質權人出具之塗銷登記同意書、法院判決書及判決確定證明書或依法與法院確定判決有同一效力之證明文件。

前項第一款之質權設定契約或證明文件，應載明下列事項：

一、發明、新型或設計名稱或其專利證書號數。

二、債權金額及質權設定期間。

前項第二款之質權設定期間，以專利權期間為限。專利專責機關為第一項登記，應將有關事項加註於專利證書及專利權簿。

第 68 條

申請前五條之登記，依法須經第三人同意者，並應檢附第三人同意之證明文件。

第 69 條

申請專利權繼承登記者，應備具申請書，並檢附死亡與繼承證明文件。

第 70 條

依本法第六十七條規定申請更正說明書、申請專利範圍或圖式者，應備具申請書，並檢附下列文件：

一、更正後無劃線之說明書、圖式替換頁。

二、更正申請專利範圍者，其全份申請專利範圍。

三、依本法第六十九條規定應經被授權人、質權人或全體共有人同意者，其同意之證明文件。

前項申請書，應載明下列事項：

一、更正說明書者，其更正之頁數、段落編號與行數、更正內容及理由。

二、更正申請專利範圍者，其更正之請求項、更正內容及理由。

三、更正圖式者，其更正之圖號及更正理由。

更正內容，應載明更正前及更正後之內容；其為刪除原內容者，應劃線於刪除之文字上；其為新增內容者，應劃線於新增之文字下方。

第二項之更正理由並應載明適用本法第六十七條第一項之款次。

更正申請專利範圍者，如刪除部分請求項，不得變更其他請求項之項號；更正圖式者，如刪除部分圖式，不得變更其他圖之圖號。

專利權人於舉發案審查期間申請更正者，並應於更正申請書載明舉發案號。

第 71 條

依本法第七十二條規定，於專利權當然消滅後提起舉發者，應檢附對該專利權之撤銷具有可回復之法律上利益之證明文件。

第 72 條

本法第七十三條第一項規定之舉發聲明，於發明、新型應敘明請求撤銷全部或部分請求項之意旨；其就部分請求項提起舉發者，並應具體指明請求撤銷之請求項；於設計應敘明請求撤銷設計專利權。

本法第七十三條第一項規定之舉發理由，應敘明舉發所主張之法條及具體事實，並敘明各具體事實與證據間之關係。

第 73 條

舉發案之審查及審定，應於舉發聲明範圍內為之。

舉發審定書主文，應載明審定結果；於發明、新型應就各請求項分別載明。

第 74 條

依本法第七十七條第一項規定合併審查之更正案與舉發案，應先就更正案進行審查，經審查認應不准更正者，應通知專利權人限期申復；屆期未申復或申復結果仍應不准更正者，專利專責機關得逕予審查。

依本法第七十七條第一項規定合併審定之更正案與舉發案，舉發審定書主文應分別載明更正案及舉發案之審定結果。但經審查認應不准更正者，僅於審定理由中敘明之。

第 75 條

專利專責機關依本法第七十八條第一項規定合併審查多件舉發案時，應將各舉發案提出之理由及證據通知各舉發人及專利權人。

各舉發人及專利權人得於專利專責機關指定之期間內就各舉發案提出之理由及證據陳述意見或答辯。

第 76 條

舉發案審查期間，專利專責機關認有必要時，得協商舉發人與專利權人，訂定審查計畫。

第 77 條

申請專利權之強制授權者，應備具申請書，載明申請理由，並檢附詳細之實施計畫書及相關證明文件。

申請廢止專利權之強制授權者，應備具申請書，載明申請廢止之事由，並檢附證明文件。

第 78 條

依本法第八十八條第二項規定，強制授權之實施應以供應國內市場需要為主者，專利專責機關應於核准強制授權之審定書內載明被授權人應以適當方式揭露下列事項：

一、強制授權之實施情況。

二、製造產品數量及產品流向。

第 79 條

本法第九十八條所定專利證書號數標示之附加，在專利權消滅或撤銷確定後，不得為之。但於專利權消滅或撤銷確定前已標示並流通進入市場者，不在此限。

第 80 條

專利證書滅失、遺失或毀損致不堪使用者，專利權人應以書面敘明理由，申請補發或換發。

第 81 條

依本法第一百三十九條規定申請更正說明書或圖式者，應備具申請書，並檢附更正後無劃線之全份說明書或圖式。

前項申請書，應載明下列事項：

一、更正說明書者，其更正之頁數與行數、更正內容及理由。

二、更正圖式者，其更正之圖式名稱及更正理由。

更正內容，應載明更正前及更正後之內容；其為刪除原內容者，應劃線於刪除之文字上；其為新增內容者，應劃線於新增之文字下方。

第二項之更正理由並應載明適用本法第一百三十九條第一項之款次。

專利權人於舉發案審查期間申請更正者，並應於更正申請書載明舉發案號。

第 82 條

專利權簿應載明下列事項：

一、發明、新型或設計名稱。

二、專利權期限。

三、專利權人姓名或名稱、國籍、住居所或營業所。

四、委任代理人者，其姓名及事務所。五、申請日及申請案號。

六、主張本法第二十八條第一項優先權之各第一次申請專利之國家或世界貿易組織會員、申請案號及申請日。

七、主張本法第三十條第一項優先權之各申請案號及申請日。

八、公告日及專利證書號數。

九、受讓人、繼承人之姓名或名稱及專利權讓與或繼承登記之年、月、日。

十、委託人、受託人之姓名或名稱及信託、塗銷或歸屬登記之年、月、日。

十一、被授權人之姓名或名稱及授權登記之年、月、日。

十二、質權人姓名或名稱及質權設定、變更或塗銷登記之年、月、日。

十三、強制授權之被授權人姓名或名稱、國籍、住居所或營業所及核准或廢止之年、月、日。

十四、補發證書之事由及年、月、日。

十五、延長或延展專利權期限及核准之年、月、日。

十六、專利權消滅或撤銷之事由及其年、月、日；如發明或新型專利權之部分請求項經刪除或撤銷者，並應載明該部分請求項項號。

十七、寄存機構名稱、寄存日期及號碼。

十八、其他有關專利之權利及法令所定之一切事項。

第 83 條

專利專責機關公告專利時，應將下列事項刊載專利公報：

一、專利證書號數。

二、公告日。

三、發明專利之公開編號及公開日。

四、國際專利分類或國際工業設計分類。

五、申請日。

六、申請案號。

七、發明、新型或設計名稱。

八、發明人、新型創作人或設計人姓名。

九、申請人姓名或名稱、住居所或營業所。

十、委任代理人者，其姓名。

十一、發明專利或新型專利之申請專利範圍及圖式；設計專利之圖式。

十二、圖式簡單說明或設計說明。

十三、主張本法第二十八條第一項優先權之各第一次申請專利之國家或世界貿易組織會員、申請案號及申請日。

十四、主張本法第三十條第一項優先權之各申請案號及申請日。

十五、生物材料或利用生物材料之發明，其寄存機構名稱、寄存日期及寄存號碼。

十六、同一人就相同創作，於同日另申請發明專利之聲明。

第 84 條

專利專責機關於核准更正後，應將下列事項刊載專利公報：

一、專利證書號數。

二、原專利公告日。

三、申請案號。

四、發明、新型或設計名稱。

五、專利權人姓名或名稱。

六、更正事項。

第 85 條

專利專責機關於舉發審定後，應將下列事項刊載專利公報：

一、被舉發案號數。

二、發明、新型或設計名稱。

三、專利權人姓名或名稱、住居所或營業所。

四、舉發人姓名或名稱。

五、委任代理人者，其姓名。

六、舉發日期。

七、審定主文。

八、審定理由。

第 86 條

專利申請人有延緩公告專利之必要者，應於繳納證書費及第一年專利年費時，向專利專責機關申請延緩公告。所請延緩之期限，不得逾三個月。

第六章　　附則

第 87 條

依本法規定檢送之模型、樣品或書證，經專利專責機關通知限期領回者，申請人屆期未領回時，專利專責機關得逕行處理。

第 88 條

依本法及本細則所為之申請，其申請書、說明書、申請專利範圍、摘要及圖式，應使用本

法修正施行後之書表格式。

有下列情事之一者，除申請書外，其說明書、圖式或圖說，得使用本法修正施行前之書表格式：

一、本法修正施行後三個月內提出之發明或新型專利申請案。

二、本法修正施行前以外文本提出之申請案，於修正施行後六個月內補正說明書、申請專利範圍、圖式或圖說。

三、本法修正施行前或依第一款規定提出之申請案，於本法修正施行後申請修正或更正，其修正或更正之說明書、申請專利範圍、圖式或圖說。

第 89 條

依本法第一百二十一條第二項、第一百二十九條第二項規定提出之設計專利申請案，其主張之優先權日早於本法修正施行日者，以本法修正施行日為其優先權日。

第 90 條

本細則自中華民國一百零二年一月一日施行。本細則修正條文，自發布日施行。

A.3 發明專利申請書範例

（本申請書格式、順序，請勿任意更動，※ 記號部分請勿填寫）

※ 申請案號：   ※ 案　　由：10000

※ 申請日：

☑ 本案一併申請實體審查

一、發明名稱：（中文／英文）

運動裝置

EXERCISE APPARATUS

二、申請人：（共 1 人）（多位申請人時，應將本欄位完整複製後依序填寫，姓名或名稱欄視身分種類填寫，不須填寫的部分可自行刪除）

（第 1 申請人）

國　　籍：□中華民國□大陸地區（□大陸、□香港、□澳門）

        ☑ 外國籍：　美國

身分種類：□自然人　　　　　　☑ 法人、公司、機關、學校

ID：C123456789

姓名：　姓：　　　　　名：

      Family name : Given name :   （簽章）

名　　稱：（中文）美商 …… 股份有限公司

        （英文）TORSO……INC　　　　（簽章）

代表人：（中文）保羅 D 弗樂

        （英文）FULLER, PAULD　　（簽章）

地　　址：（中文）美國麻州諾伍市科技路 25 號

        （英文）25TECHNOLOGYWAY, NORWOOD, MA

□註記此申請人為應受送達人

聯絡電話及分機：

◎代理人：（多位代理人時，應將本欄位完整複製後依序填寫）

ID：A123456789

姓名：陳○○　　　　　　　　　　　　　　　（簽章）

證書字號：台代字第　　1234　　號

地址：106 臺北市大安區 XX 路 XXXX

聯絡電話及分機：02-12345678

三、發明人：（共 1 人）（多位發明人時，應將本欄位完整複製後依序填寫）

（第 1 發明人）

ID：	國籍：

姓名：	姓：	弗樂	名：	保羅 D
	Family name：FULLER		Given name：PAULD	

四、聲明事項：（不須填寫的部分可自行刪除）

☐主張優惠期：（申請人有多次本項聲明之事實者，應將所主張之事由欄位完整複製後依序填寫）

☐因實驗而公開者；事實發生日期為　　年　　月　　日。

☐因於刊物發表者；事實發生日期為　　年　　月　　日。

☐因陳列於政府主辦或認可之展覽會者；事實發生日期為　　年　　月　　日。

☑主張優先權：

【格式請依：受理國家（地區）、申請日、申請案號　順序註記】（如本局與該國家或 WTO 會員之專利受理機關已合作優先權證明文件電子交換者，並請加註：國外申請專利類別、存取碼）

1. 美國、2013 年 10 月 20 日、60/235,312

2. 日本、2013 年 12 月 20 日、2012-285340、發明、B123

☐主張利用生物材料：

☐須寄存生物材料者：

國內寄存資訊【格式請依：寄存機構、日期、號碼　順序註記】

國外寄存資訊【格式請依：寄存國家、機構、日期、號碼　順序註記】

□無須寄存生物材料者：

所屬技術領域中具有通常知識者易於獲得時，不須寄存。

□聲明本人就相同創作在申請本發明專利之同日，另申請新型專利。

五、說明書頁數、請求項數及申請規費：

摘要:(2)頁，說明書:(3)頁，申請專利範圍:(1)頁，圖式:(8)頁，合計共 (14) 頁；申請專利範圍之請求項共 (8) 項，圖式共 (9) 圖。

規費：共計新臺幣 9,700 元整。

V 本案未附英文說明書，但所檢附之申請書中發明名稱、申請人姓名或名稱、發明人姓名及摘要已同時附有英文翻譯者，可減收申請規費。

六、外文本種類及頁數：(不須填寫的部分可自行刪除)

外文本種類：□日文　　　□英文　　　□德文　　　□韓文

　　　　　　□法文　　　□俄文　　　□葡萄牙文

　　　　　　□西班牙文　　　□阿拉伯文

外文本頁數：外文摘要、說明書及申請專利範圍共 (　) 頁，

　　　　　　圖式 (　) 頁，合計共 (　) 頁。

七、附送書件：(不須填寫的部分可自行刪除)

V 1. 摘要一式 3 份。

V 2. 說明書一式 3 份。

V 3. 申請專利範圍一式 3 份。

V 4. 必要圖式一式 3 份。

V 5. 委任書 1 份。

□ 6. 外文摘要一式 2 份。

□ 7. 外文說明書一式 2 份。

□ 8. 外文申請專利範圍一式 2 份。

□ 9. 外文圖式一式 2 份。

□ 10. 優先權證明文件正本及首頁影本各 1 份、首頁中譯本 2 份。

□ 11. 優惠期證明文件 1 份。

□ 12. 生物材料寄存證明文件：

　　　□國外寄存機構出具之寄存證明文件正本 1 份。

　　　□國內寄存機構出具之寄存證明文件正本 1 份。

　　　□所屬技術領域中具有通常知識者易於獲得之證明檔 1 份。

□ 13. 如有影響國家安全之虞之申請案，其證明文件正本 1 份。

□ 14. 其他：

八、個人資料保護注意事項：

　　申請人已詳閱申請須知所定個人資料保護注意事項，並已確認本申請案之附件（除委任書外），不包含應予保密之個人資料；其載有個人資料者，同意智慧財產局提供任何人以自動化或非自動化之方式閱覽、抄錄、攝影或影印。

A.4 發明摘要

※ 申請案號：

※ 申請日： ※IPC 分類：

【發明名稱】（中文／英文）

運動裝置

EXERCISE APPARATUS

【中文】

一種運動裝置，係包括一導軌，一以滑動方式安裝在該導軌上之導軌托架及一提供該導軌托架單一方向之不同阻力選擇的阻力系統。當加施於該導軌托架之力係足以克服該阻力系統之阻力時，該導軌托架係可沿該導軌以一第一方向滑動；當施加之力消失時，該導軌托架係可沿該導軌以相反於第一方向之方向滑動。

【英文】

An exercise device apparatus which comprises a track, a track carriage slidably disposed on the track, and a resistance system for providing unidirectional, selectively variable resistance to the track carriage. The track carriage is capable of sliding along the track in a first direction when a force is applied to the track carriage sufficient to overcome the resistance force of the resistance system, and where by the track carriage is capable of sliding along the track in a direction opposite to the first direction when the applied force is diminished.

【代表圖】

【本案指定代表圖】：第（1）圖。

【本代表圖之符號簡單說明】：

10　　運動裝置

12　　導軌

14　　導軌托架

16　　長形導軌構件

17　　穩定支撐構件

20　　支柱

【本案若有化學式時，請揭示最能顯示發明特徵的化學式】：

A.5 發明專利說明書

（本說明書格式、順序，請勿任意更動）

【發明名稱】

運動裝置

EXERCISEAPPARATUS

【技術領域】

【0001】本發明係關於一種運動裝置；特別關於一種運動裝置，該裝置係利用阻力與重力運動使用者之肌肉，特別是其上半身與下半身之肌肉。

【先前技術】

【0002】已知技術之運動裝置係具有一框架，供用戶由跪姿位置至俯臥位置方式伸展其上半身軀幹，以增強與拉伸上半身軀幹各部位之肌肉。例如 19XX 年 X 月 XX 日公告之美國專利公報第 XXXXXXX 號中披露之一典型裝置係包括一雙人工滑動構件，該滑動構件係可藉用戶由跪姿位置至俯臥位置或由俯臥位置至跪姿位置伸展其軀幹方式沿一滑動表面推動。……… 。

【發明內容】

【0003】已知之運動裝置僅限於數項功能。例如，一裝置必須加施阻力方能止住一雙人工滑動構件之運動，該阻力不能依使用者之體力立即變化。而且，已知技術之裝置不能藉以提高雙人工滑動構件在其上運動之導軌方式調整阻力。此外，該已知技術之裝置不適於提供一運動方法，即特別與個別指向手臂、胸部，或腿部肌

肉之方法。最後，該已知技術之裝置相當笨重及難在小儲存區儲存。

【0004】因此，需要發展一成本低，能提供連續阻力運動方法，可攜帶之運動裝置，其不僅能使腹部肌肉收縮，也可使使用者之肩部、手臂、胸部、背部、腿部及臀部肌肉在任何體能狀況下收縮。

【0005】本發明之運動裝置包括一導軌，一以滑動方式安裝在該導軌上之導軌托架，及一提供該導軌托架單一方向之不同阻力選擇的阻力系統。當加施於該導軌托架之力足以克服該阻力系統之阻力時，該導軌托架可沿該導軌以一第一方向滑動；當加施之力消失時，該導軌托架可沿該導軌以相反於第一方向之方向滑動。

【0006】本發明之效果能提供連續阻力運動方法，及一可攜帶之運動裝置，其不僅能使腹部肌肉收縮，也可使使用者之肩部、手臂、胸部、背部、腿部及臀部肌肉在任何體能狀況下收縮。

【圖式簡單說明】

【0007】

第 1 圖係根據本發明之一運動裝置透視圖。

第 2 圖係本發明之剖視圖。

第 3 圖係本發明之局部立體分解圖。

第 4 圖係本發明之側視圖。

第 5 圖係本運動裝置底部之剖視圖。

第 6 圖係本發明使用狀態之示意圖。

第 7 圖係本發明局部輔助狀態示意圖。

第 8 圖係本發明另一使用狀態之示意圖。

第 9 圖係本發明另一之輔助使用狀態立體圖。

【實施方式】

【0008】通常根據本發明，該最佳運動裝置包括一導軌及一導軌托架以滑動方式安裝於其上。該導軌包括一長形導軌托架，

一支柱，及一穩定支撐構件。請參考第 1 圖與第 2 圖，運動裝置 10 包括一導軌 12 及一導軌托架 14。導軌 12 包括一長形導軌構件 16，其一端連接至一支柱 20。穩定支撐構件 17 最好係安裝至導軌 12，以限制運動裝置 10 之橫向移動。

【符號說明】

【0009】

10	運動裝置
12	導軌
14	導軌托架
16	導軌構件
17	支撐構件
20	支柱
32	阻力裝置
34	滑輪組件
36	導軌組件
38	環圈
41	框架組件
40	樞紐
42	滑輪
44	把手
48	輔助裝置
52	腳踏墊
118	直立杆
124	旋紐
126	凸端部

A.6 申請專利範圍

1. 一種運動裝置，包括：一基座，其至少設有一大體上平坦且形成某一角度之表面，用以放置一使用者雙腳之至少一部分；一把手，其係定位遠離該基座；與用以提供一阻力之機構，以抵抗該把手與基座間距離之增加。

2. 根據申請專利範圍第 1 項之運動裝置，其進一步包括一對定位在該基座和把手間之臂狀物，該二臂狀物係可旋轉地連接至該基座。

3. 根據申請專利範圍第 2 項之運動裝置，其中用以在該把手和基座之間提供一阻力之機構是一條彈性繩帶，該繩帶係可鬆開地連接至該把手，且延伸穿過該等臂狀物和該基座。

4. 根據申請專利範圍第 3 項之運動裝置，其中該基座包括用以調整該彈性繩帶阻力之機構。

5. 根據申請專利範圍第 4 項之運動裝置，其中用以調整該彈性繩帶阻力之機構包括至少一個張力支柱，該張力支柱係由基座之一較低表面伸出。

6. 根據申請專利範圍第 4 項之運動裝置，其中用以調整該彈性繩帶阻力之機構包括至少一個張力掛鉤，該張力掛鉤係坐落在該基座之一較低表面上。

7. 根據申請專利範圍第 1 項之運動裝置，其中該把手包括多數把手砝碼隔。

8. 根據申請專利範圍第 1 項之運動裝置，其中有三個大體上平坦且形成某一角度之表面，每一表面定義一個不同之平面，用以運動不同之肌肉組合。

A.7 圖式

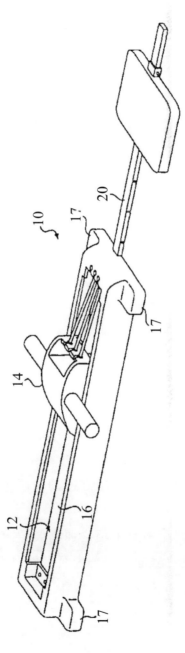

第 1 圖

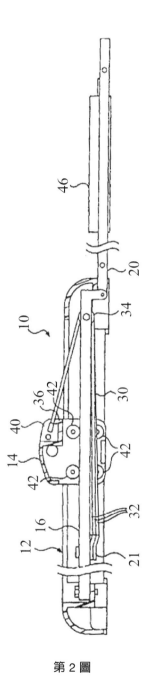

第 2 圖

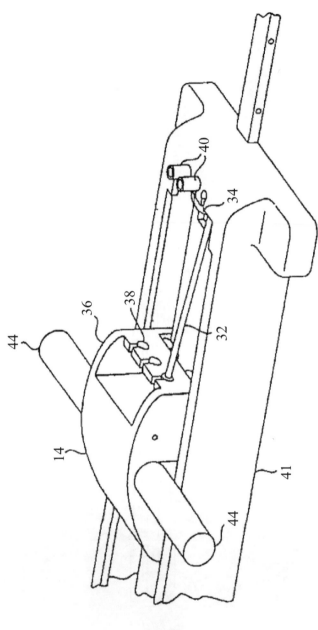

第 3 圖

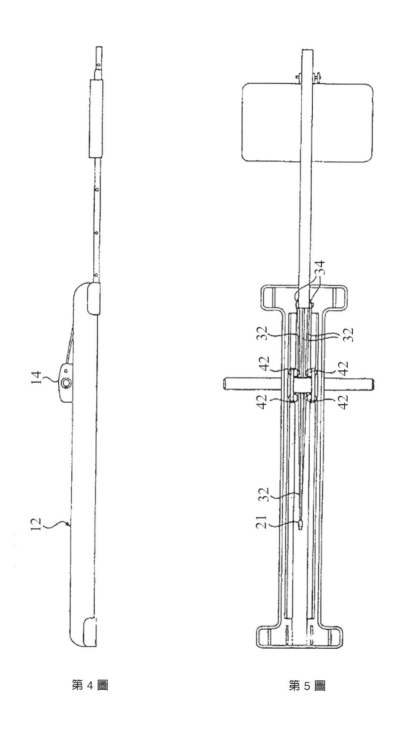

第 4 圖　　　　　　　　　　　第 5 圖

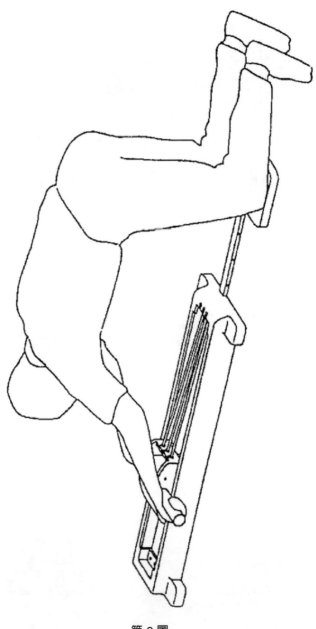

第 6 圖

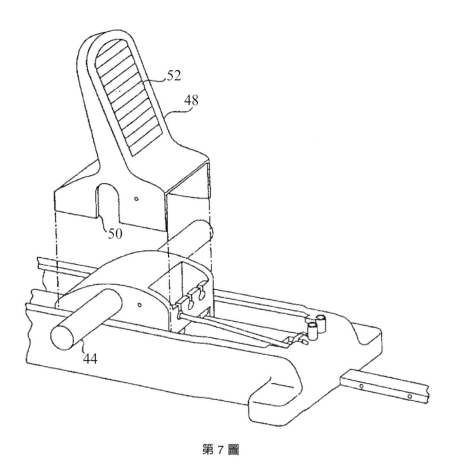

第 7 圖

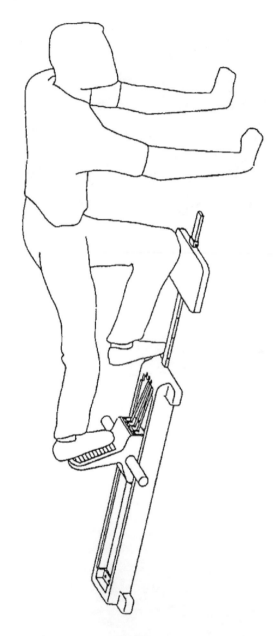

第 8 圖

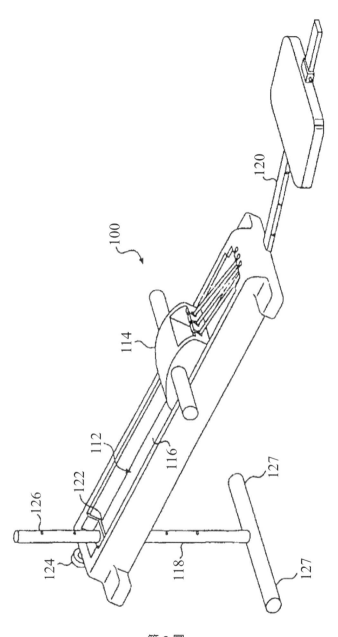

第 9 圖

A.8 英文專利文獻節本

||||||||||||||||||||||||||||||||||||
US006819752B2

(12) **United States Patent**
Raniere et al.

(10) Patent No.: **US 6,819,752 B2**
(45) Date of Patent: *Nov. 16, 2004

(54) **INTELLIGENT SWITCHING SYSTEM FOR VOICE AND DATA**

(76) Inventors: **Keith Raniere**, 7 Grant Hill Rd., Clifton Park, NY (US) 12065; **Thomas A. Delaney**, 11 Day St., City Island, NY (US) 10464; **Steven Danzig**, S. 6322 Gaiser Ct., Spokane, WA (US) 99223; **Saul Miodownik**, 367 Coolidge St., West Hempstead, NY (US) 11552

(*) Notice: Subject to any disclaimer, the term of this patent is extended or adjusted under 35 U.S.C. 154(b) by 0 days.

This patent is subject to a terminal disclaimer.

(21) Appl. No.: **10/000,634**

(22) Filed: **Oct. 31, 2001**

(65) **Prior Publication Data**

US 2002/0061098 A1 May 23, 2002

Related U.S. Application Data

(63) Continuation of application No. 09/567,854, filed on May 9, 2000, now Pat. No. 6,373,936, which is a continuation of application No. 09/203,110, filed on Nov. 30, 1998, now Pat. No. 6,061,440, which is a continuation of application No. 08/390,396, filed on Feb. 16, 1995, now Pat. No. 5,844,979.

(51) Int. Cl.[7] **H04M 3/56; H04M 3/523; H04N 7/15**

(52) U.S. Cl. 379/202.01; 348/14.1; 370/260; 370/270; 375/222; 379/93.05; 379/93.09; 379/93.21; 379/93.37; 379/265.01; 379/900

(58) Field of Search 348/14.08, 14.1; 370/260, 261, 262, 263, 264, 265, 266, 267, 270; 375/222; 379/90.01, 93.01, 93.14, 93.26, 93.28, 93.05, 93.09, 93.37, 93.21, 202.01, 203.01, 204.01, 205.01, 206.01, 265.01, 266.01, 309, 900, 902

(56) **References Cited**

U.S. PATENT DOCUMENTS

4,291,200 A	9/1981	Smith	379/93.14
4,524,244 A	6/1985	Faggin et al.	379/206.01 X
4,546,212 A	10/1985	Crowder, Sr.	379/93.08 X
4,578,537 A	3/1986	Faggin et al.	379/93.09
4,656,654 A *	4/1987	Dumas	379/93.21
4,719,617 A	1/1988	Yanosy, Jr. et al.	370/438
4,845,704 A	7/1989	Georgiou et al.	370/380
4,953,159 A	8/1990	Hayden et al.	379/204.01 X
4,987,586 A	1/1991	Gross et al.	379/93.09
5,065,425 A	11/1991	Lecomte et al.	379/93.05
5,136,586 A	8/1992	Greenblatt	370/529
5,142,565 A	8/1992	Ruddle	379/93.03

(List continued on next page.)

FOREIGN PATENT DOCUMENTS

DE	4229359	1/1994
FR	0041902	12/1981
WO	WO 94/26056	11/1994

OTHER PUBLICATIONS

Reinhardt, A., "Doing It All on One Line", Byte, pp. 145–148 Jan. Jan. 1995.

(List continued on next page.)

Primary Examiner—Harry S. Hong
(74) Attorney, Agent, or Firm—Schmeiser, Olsen & Watts

(57) **ABSTRACT**

A teleconferencing system for voice and data provides interconnections among user sites via a central station. User stations at user sites each alternate operation between a data mode connecting a user computer and modem to a user telephone communication path and a voice mode connecting a telephony circuit to the communication path. The teleconferencing system is adapted for conducting a voice conference over standard telephone lines while allowing simultaneous viewing of data objects such as slides, graphs, or text. A host computer connected to the central station serves as a central repository for storage and retrieval of data objects for use in teleconferences.

29 Claims, 13 Drawing Sheets

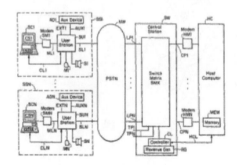

A.9 專利舉發申請書

一、被舉發專利權號數：第○○○號專利權（專利申請案號：第○○○號）被舉發案名稱：○○○

二、被舉發人姓名：○○○股份有限公司（ID: ○○○）

　　住址：○○○

　　代表人：

　　專利代理人：○○○

　　住址：○○○

三、舉發人姓名：○○○

　　住址：○○○

四、附送書件：

　　○○○

五、舉發事由：

　　請求

　　第○○○號專利權應撤銷其專利權。

　　事實

　　第○○○號專利權（專利申請案號：第○○○號，下稱系爭專利）……違反專利法第二十二條第一項第一款、第二十二條第四項、第二十六條第二項、第三項規定（舊法之規定，相對於新法為專利法第 22 條第 1 項第 1 款、第 22 條第 2 項、第 24 條第 1 項、第 2 項；但依專利法第 71 條中規定，發明專利權得提起舉發之情事，依其核准審定時之規定，故本案例適用舊法）之情事，爰檢附舉發理由及證據對之提出舉發。

　　理由

　　(一) 按專利法第二十二條第一項第一款規定：「申請前已見於刊物或已公開使用者」，不能申請取得發明專利。即發明應合於新穎性的專利要件。又專利審查基準中記載有關發明已「見於刊物」，

係指刊物已公開發行達於不特定之多數人足以閱覽之狀態，並可依據刊物所記載事項及「相當於有記載之事項」，「據以判斷而得知新型之技術內容者」而言，已「公開使用」，係指由於公開使用致發明之技術內容為公知狀態，或處於不特定人得以使用該新型之狀態者而言；又新穎性判斷之基本原則中記載：判斷發明有無新穎性時，應以發明之技術內容比對是否相同為準；不相同即具有新穎性；相同即不具新穎性。

專利法第二十六條第二項、第三項規定：「說明書應明確且充分揭露，使該發明所屬技術領域中具有通常知識者，能瞭解其內容，並可據以實現」、「申請專利範圍應界定申請專利之發明，其得包括一項以上之請求項，各請求項應以明確、簡潔之方式記載，且必須為說明書所支持」。係指發明說明之記載，應使該發明所屬技術領域中具有通常知識者在發明說明、申請專利範圍及圖式三者整體之基礎上，參酌申請時的通常知識，無須過度實驗，即能瞭解其內容，據以製造或使用申請專利之發明，解決問題，並且產生預期的功效。又發明說明之記載是否明確且充分，是否可據以實施，與記載方式無必然關係，必須審慎考量並合理指出發明說明之內容實質上未明確或未充分揭露申請專利之發明，始得有專利法第二十六條第二項之適用。又申請專利範圍所有請求項整體之記載應明確，應使該發明所屬技術領域中具有通常知識者，參酌申請時的通常知識，即能了解其意義，而對其範圍不會產生疑義。申請專利範圍中之用語應當簡潔，除記載必要技特徵外，不得描述不必要之事項，亦不得使用商業宣傳用語。

（二）系爭專利之專利說明書第 10、12 頁中敘述，所揭露之內容不充分。圖 4 所揭露之結構關係不明確；系爭專利之專利說明書第 11 頁中敘述，也無法判斷保護層結構關係。……系爭專利不具產業利用性，有違專利法第二十六條第二項與第三項之規定。

（三）系爭專利申請專利範圍第 1、2、4、5、4、8 項不具新

穎性，系爭專利有違專利法第二十二條第一項第一款之規定。

一、引證一為○年公布之美國專利第○○○號「○○○」案。引證一係○○○……。系爭專利……。兩案封裝方法之技術內容、實施之標的顯然相同，系爭專利當不具有新穎性，引證一已證明本案申請專利範圍第 1 項有違專利法第二十二條第一項第一款之規定。

二、引證二為○年公布之美國專利第○○○號「○○○」案。引證二係○○○……。系爭專利○○○……。兩案封裝方法之技術內容、實施之標的顯然相同，系爭專利當不具有新穎性，引證二已證明本案申請專利範圍第 1 項有違專利法第二十二條第一項第一款之規定。

三、系爭專利申請專利範圍第 2 項之附屬特徵，係○○○。

引證一於說明第 5 行第 24 列載述，引證一技術可應用○○○。……引證一已證明系爭專利申請專利範圍第 2 項有違專利法第二十二條第一項第一款之規定。

四、系爭專利申請專利範圍第 4 項之附屬特徵，係○○○。引證二第 2 行第 5 列載述，引證二○○○……，引證二已證明系爭專利申請專利範圍第 4 項有違專利法第二十二條第一項第一款之規定。

五、系爭專利申請專利範圍第 5 項之封裝結構，係○○○。引證一係○○○……。兩案封裝結構之技術內容、實施之標的顯然相同，本案當具有新穎性。引證一已證明系爭專利申請專利範圍第 5 項有違專利法第二十二條第一項第一款之規定。

引證二為○○○系爭專利○○○……，兩案比較兩案○○○之技術內容、實施之標的顯然相同，系爭專利當不具有新穎性，引證二已證明本案申請專利範圍第 5 項有違專利法第二十二條第一項第一款之規定。

六、系爭專利申請專利範圍第 4 項之附屬特徵，係○○○引

證一於說明第 5 行第 24 列載述，引證一技術可應用○○○本案
○○○ ……、引證一已證明系爭專利申請專利範圍第 4 項有違專
利法第二十二條第一項第一款之規定。

七、系爭專利申請專利範圍第 8 項之附屬特徵，係○○○。引
證二第 2 行第 5 列載述，引證二○○○。系爭專利○○○ …… 引
證二自已證明系爭專利申請專利範圍第 8 項有違專利法第二十二條
第一項第一款之規定。

(三) 引證一～五間之結合及所屬技術領域中具有通常知識者
所具備之習知設計方式與系爭專利比較，…… 系爭專利申請專利
範圍第 3、5、4、7 項不具進步性，系爭專利有違專利法第二十二
條第四項之規定。

一、引證三為○年公布之美國專利第○○○號「○○○」案。
引證三主要於○○○ ……，引證二、三當能輕易組合其技術運用。
故結合引證二、三已證明系爭專利申請專利範圍第 5 項不具進步
性，本案有違專利法第二十二條第四項之規定。

二、引證四為○年公布之美國專利第○○○號「○○○」案。
引證三主要於○○○ ……。引證二、四當能輕易組合其技術運用。
故結合引證二、四已證明系爭專利申請專利範圍第 5 項不具進步
性，本案有違專利法第二十二條第四項之規定。

三、引證五為○年公布之美國專利第○○○號「○○○」案。
引證五主要於○○○ ……，引證二、五當能輕易組合其技術運用。
故結合引證二、五已證明系爭專利申請專利範圍第 5 項不具進步
性，本案有違專利法第二十二條第四項之規定。

四、系爭專利申請專利範圍第 4 項之附屬特徵，係○○○。

引證五於說明第 5 行第 54 列載述，引證五晶粒技術可應用於
○○○。系爭專利○○○ ……。引證二、五當能輕易組合其技術
運用。故結合引證二、五已證明系爭專利申請專利範圍第 5 項不具
進步性，系爭專利有違專利法第二十二條第四項之規定。

（四）綜上所述，引證一～五該等證據已證明系爭專利不具新穎性等之事實甚為明顯，系爭專利自有違反專利法第二十二條第一項第一款、第二十二條第四項、第二十六條第二項、第三項規定之情事，敬請鈞局為撤銷其專利權之審定，以維法紀。

謹呈

經濟部智慧財產局公鑑

舉發人：○○○

中華民國○年○月○日

A.10 專利舉發答辯書

一、被舉發專利權號數：第○○○號專利權（專利申請案號：第○○○號）被舉發案名稱：○○○

二、被舉發人姓名：○○○公司（ID:○○○）

　　住址：○○○○○○

　　代表人：

　　專利代理人：○○○

　　住址：○○○

三、舉發人姓名：○○○

　　住址：○○○

四、答辯理由：

　　（一）舉發人於民國○○○日，以被舉發案（下稱本案），有違專利法第二十二條第一項第一款、第二十二條第四項、第二十六條第二項、第三項之規定，而提出舉發。惟其舉發並無理由，謹針對其理由及證據詳細辯駁如后。

　　（二）按專利法第二十二條第一項第一款規定：「申請前已見於刊物或已公開使用者」，不能申請取得發明專利。即發明應合於新穎性的專利要件。又專利審查基準中記載有關發明已「見於刊物」，係指刊物已公開發行達於不特定之多數人足以閱覽之狀態，並可依據刊物所記載事項及「相當於有記載之事項」，「據以判斷而得知新型之技術內容者」而言，已「公開使用」，係指由於公開使用致發明之技術內容為公知狀態，或處於不特定人得以使用該新型之狀態者而言；又新穎性判斷之基本原則中記載：判斷發明有無新穎性時，應以發明之技術內容比對是否相同為準；不相同即具有新穎性；相同即不具新穎性。

　　專利法第二十六條第二項、第三項規定：「說明書應明確且充分揭露，使該發明所屬技術領域中具有通常知識者，能瞭解其內容，並可據以實現」、「申請專利範圍應界定申請專利之發明；其

得包括一項以上之請求項，各請求項應以明確、簡潔之方式記載，且必須為說明書所支持」。係指發明說明之記載，應使該發明所屬技術領域中具有通常知識者在發明說明、申請專利範圍及圖式三者整體之基礎上，參酌申請時的通常知識，無須過度實驗，即能瞭解其內容，據以製造或使用申請專利之發明，解決問題，並且產生預期的功效。又發明說明之記載是否明確且充分，是否可據以實施，與記載方式無必然關係，必須審慎考量並合理指出發明說明之內容實質上未明確或未充分揭露申請專利之發明，始得有專利法第二十六條第二項之適用。又申請專利範圍所有請求項整體之記載應明確，應使該發明所屬技術領域中具有通常知識者，參酌申請時的通常知識，即能瞭解其意義，而對其範圍不會產生疑義。申請專利範圍中之用語應當簡潔，除記載必要技特徵外，不得描述不必要之事項，亦不得使用商業宣傳用語。

（三）依專利法施行細則第 3 條第 2 項規定：「申請專利及辦理有關專利事項之文件，應用中文；證明文件為外文者，專利專責機關認有必要時，得通知申請人檢附中文譯本或節譯本」。按前法中有關中文譯本或節譯本之規定，雖係專利專責機關認必要時，得通知申請人檢附；惟本案乃是有相當明確技術內容之發明專利案，並非一般由外觀型態或簡單組成之專利案，不應僅憑證明文件之示意圖式、構件名稱，即可逕以認定並作為比較之依據。舉發理由所據以主張之引證一～五，均為外文者，舉發人完全未提中文譯本或節譯本，自難免張冠李戴、魚目混珠。故專利專責機關應依本於職權，通知舉發人檢附中文譯本或節譯本，以求審查公允。

（四）舉發理由中主張：本案之專利說明書第 10、12 頁中敘述，所揭露之內容不充分。圖 4 所揭露之結構關係不明確；本案之專利說明書第 11 頁中敘述，也無法判斷保護層結構關係。本案不具產業利用性，有違專利法第二十六條第二項與第三項之規定。

按本案之專利說明書第○頁第○行起所載：○○○」。上述二

頁之說明，其相關之製造方法步驟及構造組合關係，均已相當具體明確且充分揭露，並無任何不能瞭解之處。至於舉發理由中所指之○○○等，未能揭露於說明書云云。惟此等內容，係屬於○○○所熟知之技術細節，為本發明所屬技術領域中具有通常知識者，能輕易瞭解且不須一一列舉者；況此等內容，非關本發明主要創作技術內容，本發明之說明自勿庸另加冗言贅述。……

故本案發明顯具產業利用性，說明圖示均已具體明確且充分揭露，為本案發明所屬技術領域中具有通常知識者能輕易瞭解其內容，並可據以實施者，本案自無違專利法第二十六條第二項與第三項之規定。

(五)舉發理由中主張：經由舉發理由所提之引證一、二與本發明比較，本案申請專利範圍第1、2、4、5、4、8項不具新穎性，本案有違專利法第二十二條第一項第一款之規定。

一、答辯理由(三)指明，舉發人完全未提中文譯本或節譯本，已有違前揭規定；被舉發人在相關已揭露技術範圍內，逐為之答辯。

二、引證一為○○○年公布之美國專利第○○○號「○○○」案。引證一係……。本案申請專利範圍第1項之○○○，係……。引證一是……，本案……。並請參閱下揭附圖中，兩案之圖示比較。兩案封裝方法之技術內容顯然不相同，實施之標的也各異，本案當具有新穎性，引證一自不能證明本案申請專利範圍第1項有違專利法第二十二條第一項第一款之規定。

引證二為○○○年公布之美國專利第○○○號「○○○」案。引證二係……。相對的，本案……。並請參閱下揭附圖1中，兩案之圖示比較，本案具有明確○○○。兩案封裝方法之技術內容顯然不相同實施之標的也各異本案當具有新穎性引證二自不能證明本案申請專利範圍第1項有違專利法第二十二條第一項第一款之規定。

附圖1：本案與引證一、二之圖示比較

三、本案申請專利範圍第2項之附屬特徵，係○○○。

　　引證一於說明第 5 行第 2 4 列載述，引證一技術可應用於○○○。惟本案申請專利範圍第 2 項之附屬特徵，乃依附於第 1 項者，本案並非單以該附屬特徵為本案申請專利範圍第 2 項技術內容，故本案申請專利範圍第 2 項之附屬特徵自應併同本案申請專利範圍第 1 項技術內容論究。前已指明，引證一並不能證明本案申請專利範圍第 1 項有違專利法第二十二條第一項第一款之規定，引證一自不能證明本案申請專利範圍第 2 項有違專利法第二十二條第一項第一款之規定。

　　四、本案申請專利範圍第 4 項之附屬特徵，係包含○○○。引證二第 2 行第 5 列載述，引證二○○○。惟本案申請專利範圍第 4 項之附屬特徵，乃依附於第 1 項者，本案並非單以該附屬特徵為本案申請專利範圍第 4 項技術內容，故本案申請專利範圍第 4 項之附屬特徵自應併同本案申請專利範圍第 1 項技術內容論究。前已指明，引證二並不能證明本案申請專利範圍第 1 項有違專利法第二十二條第一項第一款之規定，引證二自不能證明本案申請專利範圍第 4 項有違專利法第二十二條第一項第一款之規定。

　　五、本案申請專利範圍第 5 項之封裝結構，係○○○。引證一係○○○。相對的，本案○○○。並請參閱前揭附圖中，兩案之圖示比較。兩案封裝結構之技術內容顯然不相同，實施之標的也各異，本案當具有新穎性。引證一自不能證明本案申請專利範圍第 5 項有違專利法第二十二條第一項第一款之規定。

　　引證二係在○○○。相對的，本案○○○。並請參閱前揭附圖中，兩案之圖示比較。兩案封裝結構之技術內容顯然不相同，實施之標的也各異，本案當具有新穎性，引證二自不能證明本案申請專利範圍第 5 項有違專利法第二十二條第一項第一款之規定。

　　六、本案申請專利範圍第 4 項之附屬特徵，係○○○。

　　引證一於說明○○○載述，引證一技術可應用於○○○。惟本案申請專利範圍第 4 項之附屬特徵，乃依附於第 5 項者，本案並非

單以該附屬特徵為本案申請專利範圍第 4 項技術內容,故本案申請專利範圍第 4 項之附屬特徵自應併同本案申請專利範圍第 5 項技術內容論究。前已指明,引證一並不能證明本案申請專利範圍第 5 項有違專利法第二十二條第一項第一款之規定,引證一自不能證明本案申請專利範圍第 4 項有違專利法第二十二條第一項第一款之規定。

七、本案申請專利範圍第 8 項之附屬特徵,係包含○○○。引證二第 2 行第 5 列載述,引證二○○○。惟本案申請專利範圍第 8 項之附屬特徵,乃依附於第 5 項者,本案並非單以該附屬特徵為本案申請專利範圍第 8 項技術內容,故本案申請專利範圍第 8 項之附屬特徵自應併同本案申請專利範圍第 5 項技術內容論究。前已指明,引證二並不能證明本案申請專利範圍第 5 項有違專利法第二十二條第一項第一款之規定,引證二自不能證明本案申請專利範圍第 8 項有違專利法第二十二條第一項第一款之規定。

(六)舉發理由中主張:經由舉發理由所提之引證一~五間之結合及所屬技術領域中具有通常知識者所具備之習知設計方式與本發明比較,本案申請專利範圍第 3、5、4、7 項不具進步性,本案有違專利法第二十二條第四項之規定。

答辯理由(三)指明,舉發人完全未提中文譯本或節譯本,已有違前揭規定;被舉發人在相關已揭露技術範圍內,逕為之答辯。

本案申請專利範圍第 3 項之附屬特徵,係○○○。舉發理由指稱本案第一規格的○○○,第二規格的○○○,這些設計方式早已屬習知。惟舉發理由並無具體明確之證據資料,所指尚不足以憑採。況本案申請專利範圍第 3 項之附屬特徵,乃依附於第 2 項者,本案並非單以該附屬特徵為本案申請專利範圍第 3 項技術內容,故本案申請專利範圍第 3 項之附屬特徵自應併同本案申請專利範圍第 2 項技術內容論究。前已指明,引證一並不能證明本案申請專利範圍第 2 項不具新穎性,舉發理由也不能證明本案申請專利範圍第 3 項有違專利法第二十二條第四項之規定。

　　本案申請專利範圍第 7 項之附屬特徵，係○○○。舉發理由指稱本案第一規格的○○○，第二規格的○○○，這些設計方式早已屬習知。惟舉發理由並無具體明確之證據資料，所指尚不足以憑採。況本案申請專利範圍第 7 項之附屬特徵，乃依附於第 4 項者，本案並非單以該附屬特徵為本案申請專利範圍第 7 項技術內容，故本案申請專利範圍第 7 項之附屬特徵自應併同本案申請專利範圍第 4 項技術內容論究。前已指明，引證一並不能證明本案申請專利範圍第 4 項不具新穎性，舉發理由也不能證明本案申請專利範圍第 7 項有違專利法第二十二條第四項之規定。

　　四之(1)、引證三為○年公布之美國專利第○○○號「○○○」案。引證三主要於○○○。另引證三其實施方式是○○○，並非如本案○○○；且引證三其實施的封裝結構是無法應用於本案的○○○。並請參閱下揭附圖 2 中，兩案之圖示比較。前已指明，引證二並無教示本案○○○，引證二自不能證明本案申請專利範圍第 5 項之技術特徵不具進步性；況引證二、三也各屬不同之技術內容，引證二、三當未能輕易組合其技術運用。故結合引證二、三無法證明本案申請專利範圍第 5 項不具進步性，本案無違專利法第二十二條第四項之規定。

　　四之(2)、引證四為○年公布之美國專利第○○○號「○○○」案。引證三主要於○○○。引證四並未揭露本案○○○。另引證四其實施方式是以○○○，並非如本案○○○；且引證四其實施的封裝結構是無法應用於本案的導線架內。並請參閱下揭附圖 2 中，兩案之圖示比較。前已指明，引證二並無教示本案○○○，引證二自不能證明本案申請專利範圍第 5 項之技術特徵不具進步性；況引證二、四也各屬不同之技術內容，引證二、四當未能輕易組合其技術運用。故結合引證二、四無法證明本案申請專利範圍第 5 項不具進步性，本案無違專利法第二十二條第四項之規定。

　　四之(3)、引證五為○年公布之美國專利第○○○號「○○○」案。引證五主要○○○。另引證五其實施方式是以○○○，並非如

本案所產生的可銲線的第二規畫之銲點；且引證五其實施的封裝結構是無法應用於本案○○○。並請參閱下揭附圖 2 中，兩案之圖示比較。前已指明，引證二並無教示本案○○○，引證二自不能證明本案申請專利範圍第 5 項之技術特徵不具進步性；況引證二、五也各屬不同之技術內容，引證二、五當未能輕易組合其技術運用。故結合引證二、五無法證明本案申請專利範圍第 5 項不具進步性，本案無違專利法第二十二條第四項之規定。

附圖 2：本案與引證三、四、五之圖示比較五、本案申請專利範圍第 4 項之附屬特徵，係○○○。

引證五於說明第 5 行第 54 列載述，引證五晶粒技術可應用於（SRAM）。惟本案申請專利範圍第 4 項之附屬特徵，乃依附於第 5 項者，本案並非單以該附屬特徵為本案申請專利範圍第 4 項技術內容，故本案申請專利範圍第 4 項之附屬特徵自應併同本案申請專利範圍第 5 項技術內容論究。前已指明，引證二並無教示本案封裝結構之第一、二規劃關係之技術運用，引證二自不能證明本案申請專利範圍第 5 項之技術特徵不具進步性；況引證二、五也各屬不同之技術內容，引證二、五當未能輕易組合其技術運用。故結合引證二、五無法證明本案申請專利範圍第 5 項不具進步性，本案無違專利法第二十二條第四項之規定。

(六) 綜上所述，舉發人以不具證據力之證據舉發本案，該等證據不能證明本案有不具新穎性等之事實甚為明顯，本案自無違反專利法第二十二條第一項第一款、第二十二條第四項、第二十六條第二項、第三項規定之情事，敬請鈞局為本案舉發不成立之審定，以維法紀。

謹呈

經濟部智慧財產局公鑑

被舉發人：○○○

代理人：○○○

中華民國○年○月○日

國家圖書館出版品預行編目資料

電腦繪圖與專利研發／魏廣炯著. ——初版.
——臺北市：五南，2015.04
　　面；　公分
ISBN 978-957-11-8082-3 (平裝)

1.專利　2.智慧財產權　3.電腦繪圖

440.6　　　　　　　　　　104004983

5DI8

電腦繪圖與專利研發

作　　　者 — 魏廣炯（409.5）

發 行 人 — 楊榮川

總 編 輯 — 王翠華

主　　　編 — 王者香

責任編輯 — 石曉蓉

封面設計 — 小小設計有限公司

出 版 者 — 五南圖書出版股份有限公司

地　　　址：106台北市大安區和平東路二段339號4樓

電　　　話：(02)2705-5066　傳　　　真：(02)2706-6100

網　　　址：http://www.wunan.com.tw

電子郵件：wunan@wunan.com.tw

劃撥帳號：01068953

戶　　　名：五南圖書出版股份有限公司

台中市駐區辦公室/台中市中區中山路6號

電　　　話：(04)2223-0891　傳　　　真：(04)2223-3549

高雄市駐區辦公室/高雄市新興區中山一路290號

電　　　話：(07)2358-702　傳　　　真：(07)2350-236

法律顧問　林勝安律師事務所　林勝安律師

出版日期　2015年4月初版一刷

定　　　價　新臺幣380元